KB122553

지글지글 베이컨 굽는 냄새는 왜 그렇게 좋을까?

First published as *Why Does Asparagus Make Your Wee Smell?* in 2015 by Orion, London.

Copyright © 2015 Andy Brunning. All rights reserved.

Korean translation edition is published by arrangement with The Orion Publishing Group Ltd., London, England.

이 책의 한국어판 저작권은 The Orion Publishing Group Limited와 독점 계약한 **계단**에 있습니다.
저작권법에 의해 한국 내에서 보호를 받는 저작물이므로 무단 전재와 복제를 금합니다.

지글지글 베이컨 굽는 냄새는 왜 그렇게 좋을까?

음식의 비밀을 이해하는 흥미로운 과학적 질문 58

앤디 브러닝 지음 | 이충호 옮김

계단

차례
• • • •

머리말
· · · · · ·

음식은 우리의 일상생활에서 큰 부분을 차지하지만, 우리는 그 뒤에 숨어 있는 과학에 대해 별로 생각하지 않는다. 양파를 썰면 눈물이 나고, 마늘을 먹으면 심한 입 냄새가 나며, 박하가 입속에 싸한 느낌을 낸다는 사실은 누구나 알지만, 이 기묘한 효과들 뒤에 숨어 있는 화학적 이유를 제대로 설명할 수 있는 사람은 드물다. 이 책의 목표는 음식과 음료가 지닌 별나고 때로는 아주 기이한 성질들을 살펴보고, 그런 특징들을 초래하는 화학을 간단하게 설명하는 것이다.

설명은 주로 유기화학과 관련된 이야기를 중심으로 풀어나갈 것이다. 여기서 말하는 '유기'란 단어는 슈퍼마켓에서 흔히 접하는 유기 농산물이나 유기 식품의 '유기'하고는 의미가 다르다. 화학에서 말하는 '유기'는 탄소를 바탕으로 한 화합물을 가리킨다. 존재 가능한 유기 화합물의 종류는 수백만 종 이상이나 되며,

그 성질도 엄청나게 다양하다. 우리 자신도 유기 화합물로 이루어져 있고, 우리가 먹는 식품 역시 마찬가지다. 이 화합물들은 우리가 매일 섭취하는 식품과 음료의 맛과 향기를 만들어내며, 우리가 경험하는 효과들 중 일부를 설명하는 데 도움을 준다.

이 책은 기초적인 화학 지식만 있어도 충분히 읽을 수 있게 쓰려고 노력했다. 앞으로 이 책에서 나올 화학 구조와 설명을 이해하는 데 도움을 주기 위해 다음 페이지에 기초 화학을 간략하게 소개했다.

화학에 어느 정도 기초 지식이 있고, 이 책에서 다룬 주제에 대해 더 자세히 알고자 하는 독자는 이 책을 쓰면서 조사한 자료를 책 뒤에 실었으니 참고하기 바란다.

각자의 관심과 호기심이 무엇이건 상관없이, 이 책에서 소개한 화학이 여러분의 일상생활을 특별한 것으로 변화시키길 기대한다.

유기화학의 기초

6 **C** 탄소	**1** **H** 수소	**7** **N** 질소	**8** **O** 산소	**16** **S** 황	**17** **Cl** 염소

유기화학은 탄소를 기반으로 한 화합물을 연구하는 분야이다. 유기 화합물은 주로 수소와 탄소로 이루어져 있지만, 다른 원소들을 포함하고 있는 유기 화합물도 많다.

메테인(메탄)

유기 화합물의 화학 결합은 한 쌍의 전자를 공유한 원자들 사이에 일어난다. 탄소는 다른 원자들과의 결합이 최대 4개까지 일어날 수 있다. 산소는 대개 결합이 2개이며, 수소는 결합이 1개만 가능하다. 결합은 선으로 나타낸다. 원자들 사이의 선이 2개인 것은 이중 결합, 즉 공유한 전자쌍이 2개임을 나타낸다.

H—C—C—OH = (골격 구조식) OH

일반적인 구조식   골격 구조식

탄소 원자

파선 결합(지면 안쪽으로)

HO 쐐기꼴 결합(지면 바깥쪽으로)

유기 화합물의 구조는 왼쪽 그림처럼 모든 결합과 모든 원자를 나타내는 방식으로 그릴 수 있다. 하지만 큰 분자의 경우에는 그림이 너무 복잡해지기 때문에, 흔히 골격 구조식으로 분자를 나타낸다.

골격 구조식은 분자 사슬에서 구부러진 곳마다 탄소 원자가 있다고 보면 된다. 구조를 쉽게 파악할 수 있도록 탄소 원자에 붙어 있는 수소 원자는 나타내지 않는다. 하지만 탄소와 수소 이외의 원자들은 표시해야 한다.

화학 구조는 편의상 지면 위에 2차원으로 나타내지만, 실제로는 3차원이다. 어떤 경우에는 구조를 3차원으로 나타내야 할 필요가 있는데, 이를 위해 때로는 파선 결합과 쐐기꼴 결합을 사용한다. 파선 결합은 우리에게서 멀어지면서 지면 안쪽으로 향한 결합을, 쐐기꼴 결합은 지면에서 바깥쪽으로 나와 우리를 향하는 결합을 나타낸다.

작용기

작용기는 유기 화합물의 특징적인 반응과 성질을 나타내는 원자단(원자들의 집단)을 말한다. 이 책에 나오는 많은 화합물은 그 분자에 이런 작용기를 많이 포함하고 있다. 분자 안에 들어 있는 작용기는 아래에서 보듯이 대개 그 분자의 이름에 반영돼 있다.

일부 분자의 구조식에는 'R'이라는 문자가 포함돼 있는데, 이것은 그 분자에서 이곳에 알킬기가 붙지만, 그 종류는 가변적임을 나타낸다. 또, 'X'는 할로겐 원자(플루오린, 염소, 브로민, 아이오딘) 중 하나를 나타낸다. 대표적인 작용기 몇 가지를 아래에 소개한다.

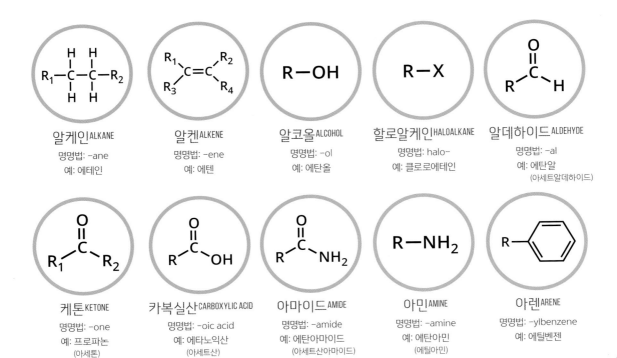

알케인ALKANE
명명법: -ane
예: 에테인

알켄ALKENE
명명법: -ene
예: 에텐

알코올ALCOHOL
명명법: -ol
예: 에탄올

할로알케인HALOALKANE
명명법: halo-
예: 클로로에테인

알데하이드ALDEHYDE
명명법: -al
예: 에탄알
(아세트알데하이드)

케톤KETONE
명명법: -one
예: 프로파논
(아세톤)

카복실산CARBOXYLIC ACID
명명법: -oic acid
예: 에타노익산
(아세트산)

아마이드AMIDE
명명법: -amide
예: 에탄아마이드
(아세트산아마이드)

아민AMINE
명명법: -amine
예: 에탄아민
(에틸아민)

아렌ARENE
명명법: -ylbenzene
예: 에틸벤젠

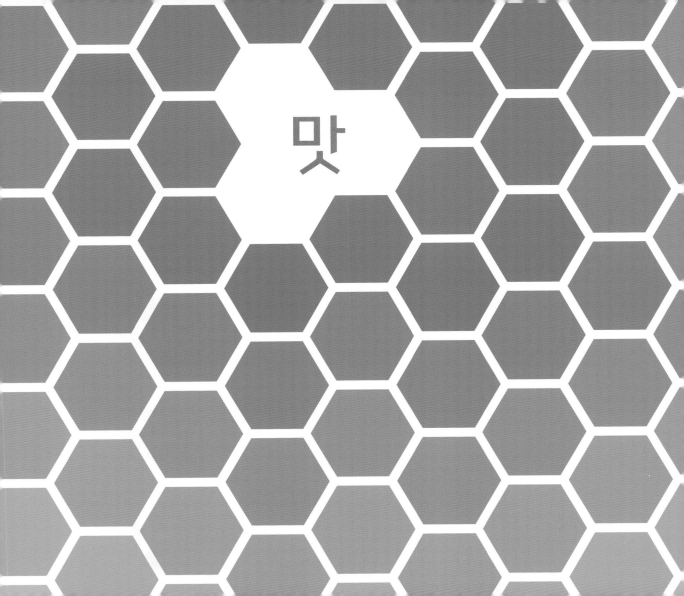

맛

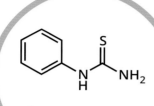

페닐싸이오카바마이드

(PTC)

프로필싸이오유라실

(PROP)

$$S=C=N-R$$

아이소싸이오사이안산염

글루코시놀레이트의
대사 산물

전체 인구의 70%는 PTC에 쓴맛을 느낀다.

십자화과 식물도 비슷한 효과가 있는데, 그 분해 산물인 아이소싸이오사이안염이
화학적으로 PTC와 비슷하기 때문이다.

십자화과 식물의 예

방울다다기양배추   브로콜리   양배추   콜리플라워

방울다다기양배추는 일반적으로 대부분의 십자화과 식물보다
글루코시놀레이트 함량이 더 높다.

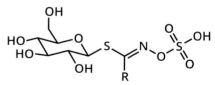

글루코시놀레이트

모든 십자화과 식물에서 발견된다.
(R은 가변적)

왜 어떤 사람들은 방울다다기양배추를 싫어할까?

크리스마스 만찬 식탁에는 일부 사람들이 강한 거부감을 느끼는 채소가 하나 있다. 방울다다기양배추가 그 주인공이다. 마마이트(Marmite, 빵 등에 잼처럼 발라 먹는 효모균 추출물)와 비슷하게 방울다다기양배추는 사람들에게 상반된 반응을 유발하는 것처럼 보인다. 그런데 만약 여러분이 이 채소를 싫어하는 집단에 속한다면, 그 맛을 견딜 수 없게 만드는 화학적·유전적 이유가 있을지도 모른다.

방울다다기양배추 이야기를 본격적으로 하기 전에 방울다다기양배추에 들어 있지 않은 화학 물질을 먼저 살펴볼 필요가 있다. 그것은 바로 페닐싸이오카바마이드(PTC)이다. PTC는 쓴맛이 나지만, 전체 인구 중 70%만 쓴맛을 느낀다는 점에서 아주 기묘한 물질이다. 나머지 30%는 아무 맛도 느끼지 못한다. PTC의 이 성질은 1931년에 우연히 발견되었다. 아서 폭스Arthur Fox는 화학 회사 듀폰에서 화학자로 일했는데, 어느 날 이 물질을 가지고 연구하다가 약간 엎지르고 말았다. 그러자 옆에 있던 동료가 심한 쓴맛이 난다고 불평했지만, 폭스는 쓴맛을 전혀 느낄 수 없었다.

폭스는 친구와 가족을 대상으로 PTC의 맛을 보는 실험을 하여 어떤 사람은 쓴맛을 느끼지만 어떤 사람은 그렇지 않다는 사실을 발견했다. 이 연구와 후속 연구를 통해 PTC의 쓴맛을 느끼는 능력이 우성 유전 형질로 유전된다는 사실이 밝혀졌다. DNA 검사를 쉽게 할 수 있는 시대가 오기 전에는 친자 확인이 필요할 때 PTC 맛 테스트를 자주 사용했다. 또 다른 화합물인 프로필싸이오유라실(PROP)도 어떤 사람은 쓴맛을 느끼고 어떤 사람은 느끼지 못한다는 점에서 PTC와 비슷한데, 지금은 맛 연구에서 더 많이 사용되고 있다.

이 이야기가 방울다다기양배추하고 도대체 무슨 관계가 있을까 하고 의아하게 생각하는 독자가 있을 것이다. 채소에는 PTC와 PROP이 들어 있지 않지만 싸이오사이안산염(질소와 탄소와 황이 연쇄적으로 결합된 물질)이 들어 있는데, 이 물질은 채소의 쓴맛과 관련이 있는 것으로 보인다. 싸이오사이안산염은 글루코시놀레이트라는 화합물에도 들어 있는데, 글루코시놀레이트는 방울다다기양배추와 브로콜리, 양배추, 케일(모두 십자화과 식물)에 공통적으로 들어 있다. PROP의 쓴맛을 느끼는 능력과 이 채소들에서 쓴맛을 느끼는 감수성 사이에는 강한 상관관계가 있는 것으로 보인다.

PTC와 PROP에 대한 감수성이 있다고 해서 반드시 십자화과 식물을 싫어하게 되는 것은 아니다. 환경적 요인에도 영향을 받을 수 있다. 하지만 만약 여러분이 방울다다기양배추를 싫어하고, 이런 편견 때문에 질책을 받는다면, 이제 왜 그럴 수밖에 없는지 당당하게 화학적 이유를 댈 수 있을 것이다.

왜 아티초크는 음료를 더 달게 만들까?

아티초크는 특이한 점 때문에 유명한데, 맛을 변화시키는 능력을 가진 식물 중에서 유일하게 전 세계에서 많이 섭취되는 식품이다. 어떤 사람들은 아티초크를 먹은 직후에 음료를 마시면 음료가 더 달게 느껴진다. 이 때문에 아티초크가 포함된 음식을 와인과 함께 내놓으면 문제가 생길 수 있다. 이 효과는 아티초크에 포함된 특정 화학 성분 때문에 일어난다.

이 기묘한 효과가 주목을 끈 것은 미국과학진흥협회의 만찬 자리에서 진행한 연구 결과 때문이다. 요리 중 하나에 아티초크가 포함되었는데, 참석자 250명 중 60%가 물맛이 더 달게 느껴졌다고 답했다. 수십 년 뒤, 한 연구자가 피험자들에게 아티초크 추출물과 그 추출물의 개개 성분을 섭취하게 한 뒤, 그것이 물맛에 미친 영향을 조사함으로써 이 효과를 더 자세히 연구했다.

이 효과를 일으키는 주요 물질은 아티초크의 성분 중 클로로겐산과 시나린의 칼륨염으로 밝혀졌다. 칼륨 이온은 아티초크에 들어 있는 주요 금속 이온인데, 이 화합물들의 칼륨염을 사용한 이유는 이 때문이었다. 특히 시나린은 물 170mL에 설탕 두 찻숟가락을 넣은 것과 비슷한 감미 효과가 있는 것으로 드러났다. 그렇긴 하지만, 이 성분들이 주요 원인이라곤 해도, 이것만으로는 아티초크의 효과가 완전히 설명되지 않는다. 그래서 아마도 영향력이 작은 다른 성분들도 이 효과에 기여할지 모른다.

우리는 이 화합물들이 어떻게 다른 물질의 맛을 더 달게 하는지 아직 정확히 모르지만, 혀에서 단맛을 감지하는 맛봉오리와 상호작용함으로써 달지 않은 물질이 단맛이 난다는 사실은 알고 있다. 그리고 처음에 이 효과가 분명하게 드러난 만찬 조사 결과가 보여주듯이 모든 사람에게 이 효과가 나타나는 것은 아니다. 따라서 여기에는 유전적 요인도 어느 정도 작용하는 것으로 보인다.

그러니 다음에 기회가 있으면, 아티초크를 먹으면서 자신에게도 이 효과가 나타나는지 시험해보라.

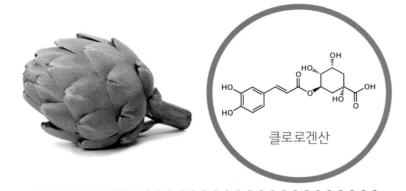

클로로겐산

시나린
단맛에 영향을 미치는
주요 화합물

아티초크에 들어 있는 화합물은
물 170mL에 **설탕 두 찻숟가락**을 넣는 것과
비슷한 감미 효과가 있다.

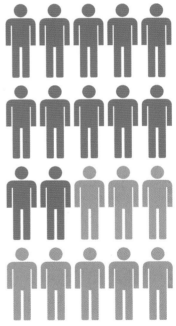

약 60%
전체 인구 중에서
아티초크의 감미 효과를
느끼는 비율

191
미라쿨린 단백질에 포함된 아미노산의 수

미라쿨린의 작용 방식

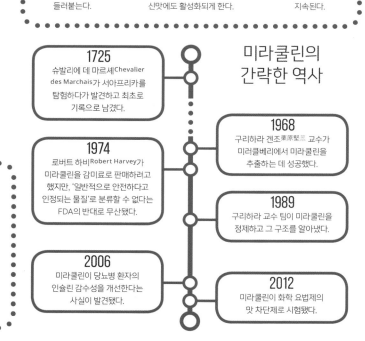

단맛 수용기에 들러붙는다.

단맛 수용기를 변형시켜 신맛에도 활성화되게 한다.

이 효과는 1~2시간 지속된다.

미라쿨린의 간략한 역사

1725
슈발리에 데 마르세Chevalier des Marchais가 서아프리카를 탐험하다가 발견하고 최초로 기록으로 남겼다.

1968
구리하라 겐조栗原堅三 교수가 미라클베리에서 미라쿨린을 추출하는 데 성공했다.

1974
로버트 하비Robert Harvey가 미라쿨린을 감미료로 판매하려고 했지만, '일반적으로 안전하다고 인정되는 물질'로 분류할 수 없다는 FDA의 반대로 무산됐다.

1989
구리하라 교수 팀이 미라쿨린을 정제하고 그 구조를 알아냈다.

2006
미라쿨린이 당뇨병 환자의 인슐린 감수성을 개선한다는 사실이 발견됐다.

2012
미라쿨린이 화학 요법제의 맛 차단제로 시험됐다.

다른 식물 속의 미라쿨린
미러클베리는 원산지가 열대이기 때문에 재배할 수 있는 장소에 제약이 있다. 과학자들은 다른 식물들로 미라쿨린을 만들려고 시도해 보았는데, 성공한 것도 있고 실패한 것도 있다.

딸기

토마토

상추

왜 미러클베리는 음식의 신맛을 단맛으로 바꿀까?

● ●

미러클베리*Synsepalum dulcificum*는 서아프리카가 원산인 관목에 열리는 열매인데, 기묘하게도 맛을 변화시키는 성질이 있다. 미러클베리를 씹고 나면, 최대 한 시간 뒤까지 신 음식과 음료가 달게 느껴진다. 예를 들어 레몬 주스를 마시기 전에 미러클베리를 먹으면, 레몬의 신맛이 싹 사라진다. 이 효과는 미러클베리에만 들어 있는 특정 단백질 때문에 일어나는데, 이 단백질의 이름은 미라쿨린miraculin이다.

단백질인 미라쿨린은 (여기에 보여줄 수 없을 정도로) 그 분자 구조가 아주 크다. 미라쿨린이 191개의 아미노산으로 이루어져 있다고 말하면, 그 크기를 짐작하는 데 약간 도움이 될지 모르겠다. 아미노산은 단백질의 기본 구성 요소이다. 미라쿨린 분자 자체는 달지 않으며, 우리는 미라쿨린이 왜 맛을 변화시키는 효과가 있는지 아직 완전히 알지 못한다. 혀는 각각 다른 맛을 감지하는 수용기들로 뒤덮여 있는데, 미라쿨린은 단맛을 아주 강하게 감지하는 수용기들에 들러붙는 것으로 밝혀졌다. 그런 상태에서 신맛이 나는 음식이나 음료를 섭취하면, 이것들은 단맛 수용기에 들러붙은 미라쿨린과 반응을 하게 된다. 이 반응은 연쇄 효과를 일으켜 단맛 수용기들의 모양을 변형시킨다. 이 변형의 결과로 단맛 수용기들은 더 민감해져 뇌로 보내는 신호가 신맛 신호를 압도하게 되고, 그래서 우리는 신 음식을 먹어도 단맛을 느끼게 된다. 이 효과는 미라쿨린이 마침내 수용기에서 분리될 때까지 지속된다.

이 효과는 그저 흥미로운 사실에 지나지 않는 것처럼 보일지 모르지만, 식품과학자들은 오래전부터 미라쿨린을 감미료로 사용하는 방법을 찾으려고 노력해왔다. 극복해야 할 문제가 여러 가지 있는데, 무엇보다도 미라쿨린은 열에 불안정하다. 100°C 이상의 온도에서는 맛을 변화시키는 성질이 사라지므로, 조리가 필요한 음식에는 사용할 수 없다. 또 한 가지 문제는 효과가 지속되는 시간이다. 하지만 과학자들은 사용하기 쉽도록 그 효과가 훨씬 짧게 지속되는 형태의 미라쿨린 단백질을 만드는 데 성공했다.

미국에서는 FDA(미국식품의약국)가 미라쿨린을 식품 첨가물로 규정하면서 '일반적으로 안전한 것으로 인정하는' 물질의 자격까지는 주지 않았다. 즉, 식품에 포함되려면 앞으로도 수년간의 실험이 필요하다는 뜻이다.

양치질을 하고 나면 왜 오렌지 주스에서 쓴맛이 날까?

양치질을 하고 난 직후에 오렌지 주스를 마시는 실수를 한 사람들이 많을 것이다. 그 효과는 결코 즐거운 것이라고 할 수 없다. 오렌지 주스의 감미로운 맛은 어디론가 사라지고, 쓴맛만 강하게 날 뿐이다. 조사 결과에 따르면, 이 효과는 치약을 사용하고 나서 최대 30분까지 지속되며, 또 정도는 약하지만 다른 식품에 대해서도 같은 효과가 나타난다고 한다.

이 효과의 원인은 치약의 한 성분에 있다. 로릴황산나트륨은 치약, 샴푸, 샤워 젤을 비롯해 개인 위생용품에 많이 쓰이는 화합물이다. 로릴황산나트륨은 '계면 활성제'로 작용한다. 계면 활성제 분자는 한쪽 끝은 물에 녹고, 반대쪽 끝은 물에 녹지 않는 대신 기름 성분에 녹는다. 이 성질은 머리를 감을 때 때를 녹여서 떨어져나가게 하는 데 큰 도움이 된다. 거품 생성을 촉진하는 성질도 있는데, 치약은 침의 표면 장력을 낮추어 거품 생성을 촉진한다. 로레스황산나트륨은 로릴황산나트륨 대신 자주 쓰이는 화합물인데, 로릴황산나트륨과 정확하게 똑같은 기능을 한다.

이 물질들이 암을 유발한다는 거짓 소문이 나돌기도 했지만, 우리가 일상적으로 사용하는 농도에서는 완전히 안전하다는 과학적 증거가 있다.

오렌지 주스의 맛이 변하는 원인은 치약에 포함된 로릴황산나트륨(혹은 그 대체물)에 있는 것으로 보인다. 일반적인 설명에 따르면, 로릴황산나트륨은 입속에서 단맛을 감지하는 미각 수용기를 억제한다. 그와 함께 인지질 막을 변화시키는 것으로 보이는데, 이 막은 평소에는 쓴맛 수용기를 약간 억제하는 기능을 한다. 그 결과, 치약을 사용한 직후에 오렌지 주스를 마시면, 단맛은 억제되는 반면 쓴맛은 강해져 우리가 경험하는 불쾌한 효과가 나타난다.

이유야 무엇이건, 치약의 이런 불쾌한 효과를 피하고 싶다면 (양치질을 하지 않는 방법을 제외하고) 로릴황산나트륨 성분이 들어가지 않은 치약을 쓰면 된다. 이런 치약은 거품을 내는 용도로 감초 뿌리에서 추출한 화합물인 글리시리진 성분을 사용한다.

치약에 포함된 계면 활성제 분자가
우리의 미각에 영향을 미친다.

쓴맛
평소에 쓴맛을 억제하는 인지질 막의
구조를 변화시킨다.

단맛
계면 활성제는 단맛 수용기를 억제해
단맛을 감소시킨다.

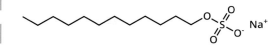

로릴황산나트륨
SLS라고도 하며, 많은 치약에 발포제로 쓰인다.

로레스황산나트륨
가끔 로릴황산나트륨의 대체물로 쓰인다.

효과는 최대 30분까지 지속된다.

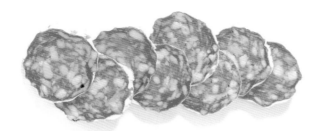

훈제 과정

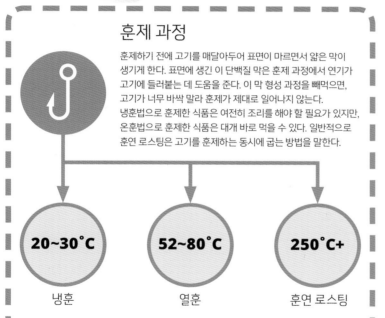

훈제하기 전에 고기를 매달아두어 표면이 마르면서 얇은 막이 생기게 한다. 표면에 생긴 이 단백질 막은 훈제 과정에서 연기가 고기에 들러붙는 데 도움을 준다. 이 막 형성 과정을 빼먹으면, 고기가 너무 바싹 말라 훈제가 제대로 일어나지 않는다. 냉훈법으로 훈제한 식품은 여전히 조리를 해야 할 필요가 있지만, 온훈법으로 훈제한 식품은 대개 바로 먹을 수 있다. 일반적으로 훈연 로스팅은 고기를 훈제하는 동시에 굽는 방법을 말한다.

20~30°C	52~80°C	250°C+
냉훈	열훈	훈연 로스팅

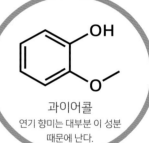

과이어콜
연기 향미는 대부분 이 성분 때문에 난다.

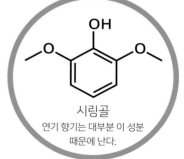

시링골
연기 향기는 대부분 이 성분 때문에 난다.

고기를 훈제하면 왜 그 맛이 변할까?

햄, 베이컨, 소고기, 생선 등의 식품을 연기로 그슬리는 훈제는 냉동 보존법 이전 시대부터 사용돼온 조리법이다. 썩거나 상하기 전에 고기를 보존하는 최선의 방법이 바로 훈제였다. 오늘날 우리는 주로 그 맛을 즐기기 위해 다양한 식품을 훈제하는데, 훈제 식품의 맛을 돋우는 화합물이 아주 많다.

훈제에는 대개 불타는 장작에서 나오는 연기에 식품을 그슬리는 과정이 포함된다. 훈제 과정에서 만들어지는 화합물은 장작의 종류, 온도, 산소의 양을 비롯해 많은 요인에 좌우된다. 일부 화합물은 고기의 전반적인 맛과 향기를 높인다는 이유로 특별히 중시되었다. 이런 화합물은 열분해를 통해 만들어지는데, 열분해란 산소가 적절히 공급되지 않는 상황에서 장작을 이루는 유기 화합물이 열에 의해 분해되는 과정을 말한다.

일반적으로 훈제 식품의 특정 맛은 주로 페놀계 화합물에서 나오는 것으로 알려져 있다. 그중 하나인 과이어콜guaiacol은 장작의 건조 중량 중 3분의 1을 차지하는 화합물인 리그닌이 분해되어 만들어진다. 훈제 고기의 연기 '향미'smoky flavor는 주로 이 물질에서 나온다. 하지만 과이어콜은 훈제 고기의 연기 '향기'smoky aroma하고는 아무 관계가 없다. 훈제 식품의 냄새에 가장 큰 역할을 담당하는 화합물은 리그닌의 열분해에서 만들어지는 또 하나의 물질인 시링골syringol이다.

그러니 다음에 초리소(chorizo, 이베리아 반도에서 유래한 여러 종류의 돼지고기 소시지)를 즐길 기회가 생기면, 그 맛을 내기까지 많은 화학 분해 과정이 일어났다는 사실을 떠올려보라.

상한 우유는 왜 시큼한 맛이 날까?

모르고 상한 우유에 시리얼을 넣어서 먹어본 사람이라면, 누구나 그 불쾌한 맛과 냄새를 잊지 못할 것이다. 운이 특히 나쁜 사람은 우유에 작은 덩어리가 생기기 시작하는 단계에서 그런 경험을 할 수도 있다. 커피나 차에 그런 우유를 탔다가는 아주 불쾌한 경험을 하게 될 것이다.

우유에 이런 변화가 일어나는 이유는 자연적으로 존재하는 세균 때문이다. 우유를 저온 살균하는 이유는 세균을 모조리 없애기 위한 것이라고 생각하기 쉽지만, 주 목적은 생우유에서 '해로운' 세균을 없애는 것이다. 이 과정을 거친 뒤에도 우유에는 다양한 세균이 남아 있어 결국에는 우유를 변질시킨다. 이 세균들은 우유의 약 5%를 차지하는 젖당(유당)을 섭취한다.

젖당을 섭취하는 세균들은 다양한 산물을 만들어내는데, 그중 하나는 젖산이다. 여러분도 젖산은 들어본 적이 있을 텐데,

격렬한 운동을 하면서 정상적인 호흡 과정에서 충분한 에너지를 얻지 못할 때 우리 몸이 의존하는 무산소 호흡의 산물 중 하나가 젖산이다. 상한 우유의 시큼한 맛은 바로 젖산 때문에 난다. '덩어리'가 생기는 효과도 젖산에서 비롯된다.

카세인은 우유에 포함된 주요 단백질이다. 정상적인 상황에서는 카세인 분자들은 서로를 밀어낸다. 즉, 용액 속에서 자유로이 떠돌아다닌다. 하지만 우유가 시큼하게 변하면, 카세인 분자들이 뭉치기 시작해 마침내 고체 침전물이 되어 나타난다.

만약 냉장고 안에 넣어둔 우유에 이런 일이 일어난다면, 결코 반갑지 않은 일이 될 것이다. 하지만 이 과정 뒤에 숨어 있는 과학은 치즈를 만드는 데 쓰인다. 우유를 가열한 뒤에 산(예컨대 시트르산)을 첨가하면, 우유가 굳어서 덩어리가 생긴다. 이 단백질 덩어리를 용액에서 꺼내 걸러서 치즈를 만든다.

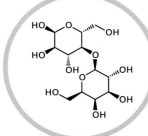

젖당

젖당은 우유에 들어 있는
주요 당이다. 젖당은 전체 우유 무게의
약 5%를 차지한다.

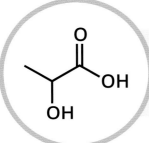

젖산

우유 속에 들어 있는 세균이 젖당을
분해해 젖산을 만든다. 이 때문에
우유에 시큼한 맛이 난다.

알파-카세인
우유에 들어 있는 많은 카세인 단백질 중 하나

생우유 중

5%

단백질의 비율

우유 단백질 중

80%

카세인의 비율

맛

고수에 들어 있는 알데하이드

데카날

2-데세날

2-운데세날

82% 고수 잎에서 채취한 방향유 중 알데하이드 화합물의 비율

데세날은 노린재의 분비물에서도 발견되는 화합물

알데하이드는 비누 제조 과정에서 생기는 부산물

유전적 요인?

고수 맛을 싫어하는 것은 맛과 냄새
유전자와 관련이 있는 것으로 알려져 왔다.
하지만 순전히 유전의 결과만으로
결정되는 것 같진 않다.

왜 어떤 사람들은 고수에서 비누 맛을 느낄까?

고수에서 불쾌한 비누 맛이나 심지어 금속 맛을 느끼는 사람들이 상당히 많다. 근본 원인은 고수 잎의 화학적 조성에 있지만, 어떤 사람이 고수를 좋아하거나 싫어하는 취향에는 다른 요인들도 작용하는 것으로 보인다.

고수 잎에서 채취한 방향유의 화학적 조성은 약 40종의 유기 화합물로 이루어져 있는데, 그중 82%가 알데하이드이고, 17%가 알코올이다. 알데하이드는 주로 탄소 원자가 9~10개인 것들로 이루어져 있는데, 고수 잎 특유의 향기(그리고 일부 사람들이 느끼는 비누 맛 역시)는 바로 이 화합물들에서 유래한다.

고수에 포함된 알데하이드뿐만 아니라 그와 비슷한 알데하이드 화합물들은 비누와 로션에도 보편적으로 들어 있다. 흥미롭게도 이 중 일부 물질은 노린재가 기분이 나쁠 때 분비하는 화합물에도 들어 있다. 이런 사실을 감안하면, 일부 사람들이 고수의 맛과 냄새를 역겹게 느끼는 것은 그렇게 놀라운 일이 아니다.

하지만 일부 사람들이 비누 맛을 느끼는 원인은 고수 잎의 화학적 조성에만 있는 게 아니다. 유전적 요인도 작용할 것이라는 주장이 꾸준히 제기되었는데, 모든 사람이 다 똑같이 고수 잎에 거부감을 느끼지 않는 이유를 유전적 요인으로 설명할 수 있기 때문이다. 과학자들은 알데하이드 맛에 아주 민감한 수용기를 만드는 특정 유전자를 강조해왔다. 하지만 그 외에도 여러 유전자가 관련이 있다고 보고되었기 때문에, 이 효과에는 하나 이상의 유전자가 관여하는 것으로 보인다.

또한, 자라면서 고수 맛을 좋아하는 기호가 생길 가능성도 있다. 그 맛에 반복적으로 노출되다 보면, 뇌에 긍정적 연상이 생겨날 수 있다. 잎을 갈아서 먹으면 알데하이드가 고수의 맛에 미치는 효과를 줄일 수 있는데, 이렇게 하면 잎 속의 알데하이드가 효소에 분해되는 속도가 빨라진다는 연구 결과가 있다.

딜과 스피어민트의 공통점은?

딜과 스피어민트는 초록색 허브라는 사실 말고는 공통점이 별로 없다. 딜은 약한 단맛과 향이 있는 반면, 스피어민트는 박하 향이 나서 박하 향 치약에 향미제로 자주 쓰인다. 이러한 차이점에도 불구하고, 두 허브가 지닌 특유의 맛과 냄새는 카르본carvone이라는 동일한 화합물에서 나온다. 카르본은 서로 다른 특징을 지닌 두 가지 광학 이성질체로 존재할 수 있다.

화학적 기초가 없는 사람은 '이성질체'가 무엇인지 어리둥절할 것이다. 이성질체는 분자식은 동일하지만(즉, 분자에 포함된 원자의 종류와 개수는 동일하지만), 원자들의 배열 방식이 달라 화학적 성질에서 차이가 나는 화합물을 말한다. 이성질체는 여러 종류가 있는데, 광학 이성질체는 서로 거울상인 두 이성질체를 말한다. 두 광학 이성질체는 아무리 이리저리 돌리면서 겹치려고 해도 겹칠 수가 없다. 우리의 양 손은 거울상의 비중첩성을 보여주는 아주 좋은 예이다. 왼손을 오른손 위에 어떻게 올려놓더라도, 두 손은 똑같아 보이지 않는다. 이와 마찬가지로 한 광학 이성질체를 다른 광학 이성질체 위에 모든 원자들이 정확하게 같은 위치에 오도록 올려놓는 것은 불가능하다.

따라서 카르본의 두 광학 이성질체는 분자식은 똑같지만, 딜 맛과 냄새가 나는 이성질체는 스피어민트 맛과 냄새가 나는 이성질체의 거울상이다. 사소해 보이는 이 원자 배열의 차이가 왜 서로 아주 다른 맛과 냄새를 낳을까? 우리는 미각과 후각에 관련된 복잡미묘한 세부 내용을 완전히 다 알진 못하지만, 근본 원리는 자물쇠와 열쇠 모형으로 설명할 수 있다. 맛과 냄새 수용기는 자물쇠에 해당하는데, 각각의 자물쇠를 여는 데에는 특정 모양의 분자 '열쇠'가 필요하다. 따라서 카르본의 한 광학 이성질체는 특정 맛과 냄새 수용기만 활성화하는 반면, 그 거울상인 다른 광학 이성질체는 다른 수용기를 활성화한다.

광학 이성질체는 의학에서도 중요한데, 가장 유명한 예로는 1950년대와 1960년대에 입덧을 달래는 약으로 많이 처방된 탈리도마이드가 있다. 한 광학 이성질체는 증상을 달래는 데 도움이 된 반면, 다른 광학 이성질체는 기형아 출산이라는 비극적인 결과를 낳았다.

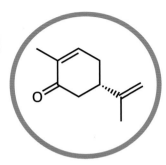

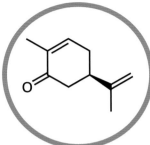

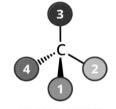

(S) 광학 이성질체

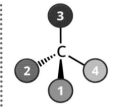

(R) 광학 이성질체

광학 이성질체

대부분의 유기 화합물은 광학 이성질체가 있다.
광학 이성질체는 녹는점과 끓는점 같은 물리적 성질은 대부분
동일하지만, 화합물의 냄새나 맛처럼 사소한 점에서 차이가
날 때가 많다. 하지만 일부 의약품은 광학 이성질체가 있는
경우, 한 이성질체에서 원치 않는 부작용이 나타날 수 있다.
대표적인 예가 탈리도마이드이다.

S-탈리도마이드
(기형 유발 작용)

R-탈리도마이드
(진정 효과)

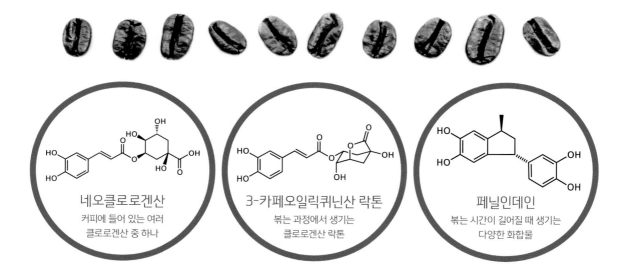

네오클로로겐산
커피에 들어 있는 여러
클로로겐산 중 하나

3-카페오일릭퀴닌산 락톤
볶는 과정에서 생기는
클로로겐산 락톤

페닐인데인
볶는 시간이 길어질 때 생기는
다양한 화합물

볶는 정도에 따른 화학적 차이

 라이트 로스트　　 미디엄 로스트　　 다크 로스트

쓴맛의 주요 원인:
클로로겐산 락톤

쓴맛의 주요 원인:
페닐인데인

커피의 쓴맛은 어디에서 나올까?

커피 하면 즉각 떠오르는 화합물 이름은 카페인이다. 커피의 각성 효과는 바로 카페인에서 나온다. 카페인은 뇌에서 평소에 아데노신이 들러붙는 수용체에 들러붙는다. 아데노신이 이 수용체에 들러붙으면, 우리는 피곤함을 느낀다. 그런데 카페인은 아데노신이 이 수용체에 접근하는 것을 막음으로써 이 과정을 방해한다. 카페인의 효과는 잘 연구돼 있지만, 카페인 자체는 커피의 쓴맛하고는 큰 관계가 없다. 커피의 쓴맛은 커피콩에 들어 있는 다른 화합물들 때문에 나타난다.

커피 맛에 영향을 미치는 화합물은 아주 많다. 연구가 많이 된 한 화합물 집단은 클로로겐산이다. 이 화합물들은 볶지 않은 커피콩의 조성 중 최대 8%를 차지한다. 커피콩을 볶으면, 클로로겐산이 화학 반응을 일으켜 다양한 산물을 만들어내는데, 이것들은 모두 커피 맛에 영향을 미친다.

미디엄 로스트(중간 볶음)와 라이트 로스트(약한 볶음) 커피의 경우, 쓴맛의 주 요인은 클로로겐산에서 생긴 클로로겐산 락톤이라는 화합물이다. 볶는 시간이 길면, 이 화합물 역시 분해된다. 다크 로스트(강한 볶음) 커피의 경우, 클로로겐산 락톤의 분해 산물들이 쓴맛에 미치는 영향이 더 강하다. 이 산물들을 페닐인데인이라 부르는데, 그 쓴맛은 클로로겐산 락톤보다 훨씬 강하다. 예컨대 에스프레소 커피의 쓴맛은 바로 이 페닐인데인에서 나온다. 커피를 뽑아내는 방법도 쓴맛에 영향을 미치는 한 가지 요인이 될 수 있다. 에스프레소 스타일로 고온과 고압에서 커피를 뽑아내면, 다른 방법보다 쓴맛 화합물들의 농도가 더 높아진다. 일부 사람들은 클로로겐산이 커피의 맛에서 차지하는 역할을 놓고 논쟁을 벌여왔는데, 관련 연구는 아직도 계속되고 있다.

맥주의 쓴맛과 향미는 어디에서 나올까?

여러분은 맥주 뚜껑을 따면서 화학에 대한 생각은 별로 하지 않겠지만, 맥주의 쓴맛과 향미는 양조 과정에서 생겨난 특정 화합물들에서 나온다.

맥주의 쓴맛은 홉에서 유래한 화합물들에서 나온다. 홉에는 알파산과 베타산이라는 유기 화합물이 들어 있다. 알파산 중 주요한 것은 후물론humulone, 코후물론cohumulone, 아드후물론adhumulone, 포스트후물론posthumulone, 프리후물론prehumulone, 이렇게 다섯 가지가 있다. 양조 과정에서 이것들은 분해되어 액체에 더 잘 녹는 아이소알파산이 되는데, 쓴맛 중 상당 부분은 이 물질들에서 나온다. 홉마다 조성이 다르므로 홉의 선택에 따라 쓴맛의 종류와 정도를 조절할 수 있다.

베타산 화합물 중 주요한 것은 루풀론lupulone, 코루풀론colupulone, 아드루풀론adlupulone, 이렇게 세 가지가 있다. 베타산은 알파산보다 쓴맛이 훨씬 강하지만, 물에 녹지 않기 때문에 맥주의 쓴맛에 기여하는 정도는 훨씬 작다. 베타산은 발효 과정에서 알파산처럼 이성질체로 변하지 않고, 대신에 느리게 산화하면서 쓴맛을 낸다. 이렇게 되기까지는 시간이 훨씬 많이 걸리기 때문에, 베타산이 쓴맛에 기여하는 효과는 발효와 숙성 시간이 길수록 커진다.

맥주의 향기와 향미 중 대부분은 홉의 방향유에서 나온다. 일부 방향유는 휘발성이 아주 강해 쉽게 증발한다. 이런 이유 때문에 양조 과정 중 나중 단계에 홉을 집어넣거나 드라이 호핑dry hopping 방법을 사용해 방향유를 얻는다. 드라이 호핑은 완성된 맥주에 홉을 며칠 혹은 몇 주일 동안 담그는 방법이다.

홉에서 확인된 방향유는 250종이 넘는다. 그중에서 가장 높은 농도로 들어 있는 것은 미르센myrcene, 후물렌humulene, 카리오필렌caryophyllene이다. 맥주의 특징적인 홉 향기는 대부분 후물렌에서 나온다. 미국에서 재배되는 홉 품종들은 대체로 미르센 함량이 높아 맥주에 감귤이나 소나무 향을 더해준다. 한편 카리오필렌은 향긋한 맛을 더해준다.

마지막 화합물 집단인 에스터(에스테르)도 향미에 중요한 역할을 한다. 맥주의 종류에 따라 에스터의 함량이 제각각 다른데, 라거에 가장 낮은 농도로 들어 있고, 에일에는 그보다 훨씬 높은 농도로 들어 있다. 에스터는 홉의 유기산이 맥주의 알코올과 반응하여 생기는데, 그와 함께 (홉에도 들어 있는) 아세틸 조효소라는 분자도 생긴다. 향미 화합물은 휘발성이 있기 때문에, 과일 비슷한 맛을 낸다.

에스터는 종류에 따라 제각각 냄새가 다르다. 아세트산 에틸(에틸 아세테이트)은 가장 흔한 에스터 중 하나이다. 아세트산 에틸은 농도가 높으면 매니큐어 비슷한 향기가 나지만, 맥주 농도에서는 과일 향이 난다. 아이소아밀 아세테이트는 바나나 비슷한 냄새가 나고, 에틸 뷰타노에이트는 흔히 열대 지방 냄새라고 표현하는 냄새나 파인애플을 상기시키는 냄새가 나고, 에틸 헥사노에이트는 사과와 아니스 향기가 난다.

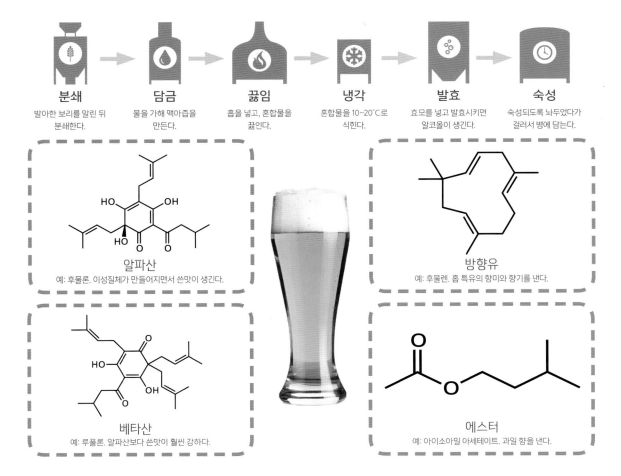

분쇄 → 담금 → 끓임 → 냉각 → 발효 → 숙성

분쇄
발아한 보리를 말린 뒤 분쇄한다.

담금
물을 가해 맥아즙을 만든다.

끓임
홉을 넣고, 혼합물을 끓인다.

냉각
혼합물을 10~20℃로 식힌다.

발효
효모를 넣고 발효시키면 알코올이 생긴다.

숙성
숙성되도록 놔두었다가 걸러서 병에 담는다.

알파산
예: 후물론. 이성질체가 만들어지면서 쓴맛이 생긴다.

방향유
예: 후물렌. 홉 특유의 향미와 향기를 낸다.

베타산
예: 루풀론. 알파산보다 쓴맛이 훨씬 강하다.

에스터
예: 아이소아밀 아세테이트. 과일 향을 낸다.

향기

마늘을 먹으면 왜 고약한 입 냄새가 날까?

마늘은 요리에 자주 쓰이지만, 입에서 '마늘 냄새'라는 고약한 냄새가 나는 부작용을 감수하지 않으면 안 된다. 양파와 마찬가지로 이 효과를 나타내는 물질은 썰지 않은 마늘에는 들어 있지 않으며, 썰었을 때에만 생긴다.

마늘에 기계적 손상이 생기면, 평소에는 세포 안에 갇혀 있던 알리네이스라는 효소가 밖으로 나온다. 이 효소는 마늘에 들어 있는 성분인 알린을 분해해 알리신을 만든다. 이것은 곤충과 균류로부터 자신을 보호하기 위해 작동하는 마늘의 자연적인 자기 방어 메커니즘의 일부이다. 마늘을 썰었을 때 나는 특유의 냄새는 주로 알리신에서 나온다. 알리신은 매우 불안정해 황을 포함한 여러 가지 유기 화합물로 금방 분해되는데, 이 중 몇 가지가 '마늘 냄새' 효과에 기여한다.

연구자들은 이 냄새에 기여하는 주요 화합물 네 가지를 확인했다. 다이알릴 다이설파이드, 알릴 메틸 설파이드, 알릴 머캅탄, 알릴 메틸 다이설파이드가 그것이다. 이 중에서 일부는 몸속에서 빨리 분해되지만, 나머지는 오랫동안 머문다. 알릴 메틸 다이설파이드는 몸속에서 분해되는 데 가장 오랜 시간이 걸린다. 이것은 위창자관에서 흡수된 뒤 혈액 속으로 들어가 다른 기관들로 갔다가 배출되는데, 주로 피부와 콩팥, 폐를 통해 배출된다. 즉, 피부의 땀과 소변과 숨으로 배출된다. 이 효과는 최대 24시간까지 지속되는데, 모든 화합물이 몸에서 빠져나가기 전까지는 희미한 마늘 향이 계속 머물러 있다.

이 효과를 감소시키려면 어떻게 해야 할까? 연구 결과, 마늘 냄새를 약간 줄여주는 식품이 많이 발견되었다. 그중에는 파슬리, 우유, 사과, 시금치, 박하 등이 포함돼 있다. 그러니 마늘 냄새를 줄이고 싶다면, 이런 것들을 먹으면 약간 효과가 있다.

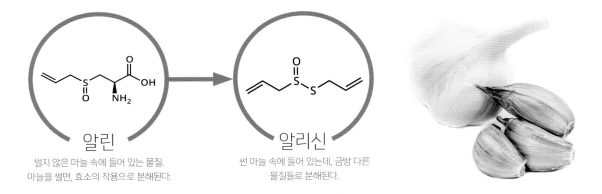

알린

썰지 않은 마늘 속에 들어 있는 물질.
마늘을 썰면, 효소의 작용으로 분해된다.

알리신

썬 마늘 속에 들어 있는데, 금방 다른
물질들로 분해된다.

효소의 작용으로 추가 분해가 일어나면, 다음 화합물들이 생긴다.

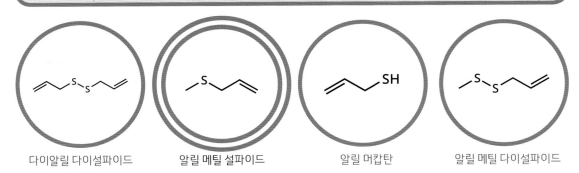

다이알릴 다이설파이드

알릴 메틸 설파이드

알릴 머캅탄

알릴 메틸 다이설파이드

알릴 메틸 다이설파이드는 몸에서 더 느리게 분해되며, 마늘 냄새의 주요 원인이다.

알릴 메틸 다이설파이드는 폐와 피부와 소변을 통해 배출된다. 마늘 냄새 효과는 최대 24시간 지속된다.

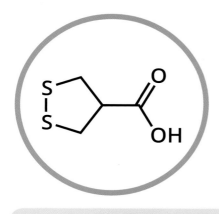

아스파라긴산
(아스파라거스에서만 발견된다)

아스파라긴산의 분해 산물

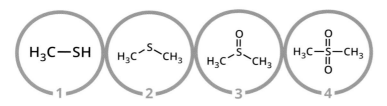

1. 메테인싸이올
2. 다이메틸 설파이드
3. 다이메틸 설폭시드
4. 다이메틸 설폰

아스파라긴산
↓
황을 함유한 화합물
↓
불쾌한 향기

아스파라거스를 먹으면 왜 소변에서 냄새가 날까?

아스파라거스를 먹고 나서 소변에서 기묘하고 다소 불쾌한 냄새가 난다는 사실을 알아챈 사람이 있을 것이다. 하지만 그런 걸 전혀 알아채지 못한 사람도 있을 텐데, 이것 역시 과학적으로 충분히 설명할 수 있다.

이 효과를 일으키는 원인 물질은 단 한 가지 화합물에서 유래한 것으로 보이는데, 그 용의자는 바로 아스파라긴산(자연에서는 아스파라거스에서만 발견되기 때문에 이런 이름이 붙었다)이다. 아스파라긴산은 소변 냄새에 영향을 미친다고 밝혀진 여러 유기 화합물의 원천으로 지목되었다.

아스파라거스를 먹으면, 그 속에 포함된 아스파라긴산 분자는 소화 과정에서 분해되어 황을 함유한 여러 유기 화합물로 변한다. 기체 크로마토그래피-질량 분석법이라는 기술을 사용해 아스파라거스를 섭취한 뒤에 만들어진 소변의 '헤드스페이스 headspace'를 분석해보았다. 헤드스페이스는 액체 표면 바로 위쪽에 기체가 모여 있는 공간을 말하는데, 가벼운 휘발성 화합물로 가득 차 있다. 이것을 분석한 결과는 소변에 냄새를 유발하는 화합물을 확인하는 데 큰 도움을 주었다. 아스파라거스를 섭취한 후의 소변을 분석한 결과, 정상적인 소변에는 존재하지 않거나 무시할 만한 양으로만 존재하는 화합물이 여럿 발견되었다. 정상 소변보다 1000배 이상 존재한 주요 화합물은 메테인싸이올과

다이메틸 설파이드였다. 다이메틸 설폭시드와 다이메틸 설폰도 있었는데, 이들은 향기를 약간 '달콤하게' 변형시키는 것으로 보인다.

사람의 코는 싸이올계 화합물에 아주 민감하다. 수 ppb(1ppb는 10억분의 1) 농도만 있어도 우리 코는 이 물질을 감지할 수 있다. 싸이올계 화합물은 스컹크의 분비물에도 들어 있다는 사실을 감안하면, 이 냄새가 얼마나 불쾌한지 짐작할 수 있을 것이다. 아스파라거스를 먹고 나서 소변 속에 이 화합물의 농도가 증가한다는 사실은 이 효과가 왜 그토록 강력한지 설명하는 데 도움이 된다. 그 냄새는 놀랍도록 빨리 나타나는데, 아스파라거스를 먹고 나서 15~30분 만에 나타난다.

흥미롭게도 아스파라거스에 영향을 받은 소변의 향기를 알아채는 능력은 보편적인 것이 아니다. 일부 사람들은 냄새 변화를 알아채지 못하는 것으로 나타났다. 한 연구에 따르면, 31명 중 2명은 아스파라거스를 먹고 난 뒤 소변 냄새에 생긴 변화를 전혀 알아채지 못했다. 처음에는 모든 사람이 그 냄새를 만들어내지만, 일부 사람만 그 냄새를 맡을 수 있다고 생각했다. 하지만 다양한 추가 연구를 통해 아스파라거스를 먹은 사람들 모두에게서 같은 효과가 나타나지 않는다는 주장이 나왔으며, 한 연구는 '아스파라거스 소변'을 만드는 사람의 비율이 43%라고 보고했다.

두리안 열매는 왜 그토록 역겨운 냄새가 날까?

두리안의 원산지는 동남아시아로, 태국, 말레이시아, 베트남, 인도네시아 등지에서 재배된다. 이 열매는 크고 가시로 뒤덮인 모습과 끔찍한 냄새로 유명하다. 과육은 크림처럼 아주 맛있지만, 그 냄새는 양파와 치즈와 썩은 고기가 섞인 것 같다고 묘사된다. 냄새가 하도 지독해서 싱가포르의 열차와 공항에서는 반입 금지 품목으로 정해져 있다.

두리안의 역겨운 냄새는 강력한 휘발성 유기 화합물에서 나온다. 냄새의 강도는 향 희석 배수(그 냄새를 더 이상 감지할 수 없는 희석 농도)로 순서를 매길 수 있다. 향 희석 배수가 클수록 그 화합물의 냄새가 더 강력하다고 말할 수 있다. 2012년에 실시한 한 연구는 두리안의 냄새에 기여하는 유기 화합물 50가지를 분석해 각각의 향 희석 배수를 대략적으로 알아냈다.

향 희석 배수가 가장 높은 화합물은 다음과 같다.

· 에틸-(2S)-2-메틸뷰타노에이트. 향 희석 배수 16384, 과일 향.

· 계피산 에틸. 향 희석 배수 4096, 꿀 냄새.

· 1-(에틸설파닐)에테인싸이올. 향 희석 배수 1025, 구운 양파 냄새.

그 밖에 주목할 만한 화합물로는 '스컹크 냄새'가 나는 3-메틸뷰트-2-엔-1-싸이올, 특유의 썩은 달걀 냄새가 나는 황화수소, '썩은/두리안' 냄새가 나는 프로페인-1-싸이올, 그리고 황을 함유하고 있어 '황 냄새'가 난다는 말이 전혀 이상하지 않은 다수의 유기 화합물이 있다.

하지만 끔찍한 냄새를 극복할 수 있다 하더라도, 두리안에는 또 다른 문제점이 있는데, 특히 알코올이 든 음료와 함께 먹을 때 그렇다. 두리안에 포함된 황 화합물이 알데하이드 탈수소 효소(ALDH)와 간섭을 일으킬 수 있다는 주장이 있는데, 이 효소는 몸속에서 아세트알데하이드를 분해하는 일을 한다. 아세트알데하이드는 몸속에서 알코올이 분해되어 생기는 화합물인데, 나중에 더 자세히 다룰 것이다. 두리안은 아세트알데하이드의 분해를 최대 70%까지 억제할 수 있는데, 그 결과로 완전히 분해되기 전까지 아세트알데하이드가 몸속에 많이 축적된다.

두리안이 지닌 마지막 위험은 단순히 그 크기와 모양에서 나온다. 두리안은 크고 무거운 열매인데, 껍데기가 딱딱하고 가시가 돋친 열매가 나무에서 저절로 떨어지면서 농부에게 심각한 부상을 입힐 수 있다.

50 두리안의 끔찍한
냄새에 기여하는
화합물의 종류

싱가포르의
대중교통에서는
반입 금지 품목이다.

동남아시아에서는
'과일의 왕'으로
불린다.

'호불호'가 명확하게
갈리는 과일로
묘사된다.

에틸-(2S)-2-메틸
뷰타노에이트
'과일' 향

SH

1-(에틸설파닐)
에테인싸이올
'구운 양파' 냄새

계피산 에틸
'꿀' 냄새

SH

3-메틸뷰트-2-엔-
1-싸이올
'스컹크' 냄새

SH

프로페인-1-싸이올
'썩은' 냄새 또는
'두리안' 냄새

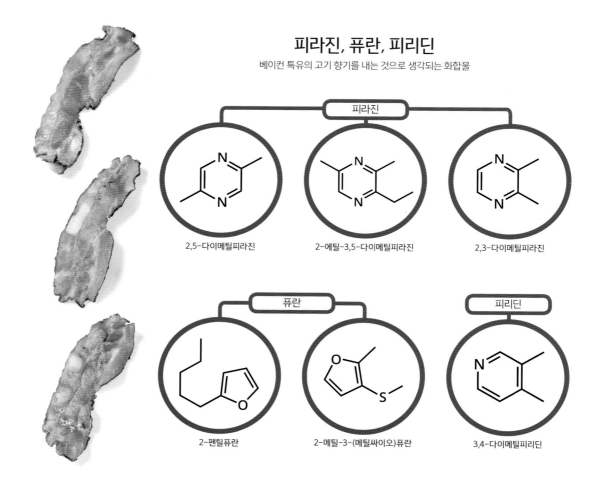

향기

피라진, 퓨란, 피리딘
베이컨 특유의 고기 향기를 내는 것으로 생각되는 화합물

피라진

2,5-다이메틸피라진

2-에틸-3,5-다이메틸피라진

2,3-다이메틸피라진

퓨란

2-펜틸퓨란

2-메틸-3-(메틸싸이오)퓨란

피리딘

3,4-다이메틸피리딘

베이컨 냄새는 왜 그렇게 좋을까?

아침 식사 시간에 프라이팬에서 지글거리는 베이컨 냄새보다 더 향긋한 냄새도 없다. 군침을 돌게 하는 이 향기는 베이컨이 튀겨질 때 생기는 휘발성 화합물에서 나온다.

그토록 많은 사랑을 받는 음식인데도 불구하고, 튀겨지는 베이컨의 향기를 만들어내는 화합물에 대한 연구는 놀랍도록 적다. 실제로 이 글을 쓰고 있는 현재 베이컨에서 향기를 만들어내는 화합물에 초점을 맞춰 진행한 연구는 2004년부터 지금까지 단 한 건밖에 없다. 이 연구에서 과학자들은 돼지 등심을 조리할 때 나오는 향기와 비교하면서 튀겨지는 베이컨의 향기를 내는 화합물을 발견하려고 시도했다. 그들은 고기를 튀기고 잘게 썬 뒤, 그 위로 질소 기체를 보내 튀긴 고기에서 나온 휘발성 유기 화합물을 모았다.

그 휘발성 화합물 중 몇 가지는 열을 받아 식품 속의 당류가 아미노산과 반응하면서 분해되는 과정인 마이야르 반응에서 생긴 것이었다. 베이컨의 경우에는 지방 분자의 열분해로 인해 다른 휘발성 화합물들도 생긴다. 이것 외에도 훈제 베이컨의 경우에는 소금에 절이는 과정에 사용하는 아질산염이 열을 받아 지방산이나 지방과 반응을 할 수 있다. 그 결과로 표준적인 돼지고기보다 질소를 함유한 화합물의 비율이 더 높아진다.

어쨌든 베이컨의 향기를 내는 화합물은 무엇일까? 연구자들은 베이컨에 들어 있는 광범위한 휘발성 화합물 목록을 작성했다. 베이컨과 돼지고기 향기 모두에 탄화수소, 알코올, 케톤,

알데하이드가 많이 들어 있다는 사실이 발견되었지만, 이들 모두가 반드시 베이컨 특유의 냄새에 기여하는 것은 아니다. 하지만 연구자들은 오직 베이컨에만 들어 있는 화합물을 몇 가지 발견했으며, 이 화합물들이 베이컨의 향기에 중요한 역할을 한다고 주장했다.

이것들은 모두 질소를 포함한 화합물이다. 여기에는 2,5-다이메틸피라진, 2,3-다이메틸피라진, 2-에틸-5-메틸피라진, 2-에틸-3,5-다이메틸피라진이 포함된다. 연구자들은 이 화합물 중 어느 것도 단독으로는 베이컨 특유의 냄새를 내지 않는다는 사실을 발견했다. 하지만 다른 휘발성 화합물들과 합쳐져서 그 냄새를 만들어낼 가능성이 높다고 생각한다. 이 화합물들 외에 이전에 다른 고기들에서 '고기' 냄새를 내는 것으로 확인된 화합물들도 분리되었다. 여기에는 산소를 함유한 유기 화합물인 2-펜틸퓨란과 황을 함유한 유기 화합물인 3,4-다이메틸피라진이 포함돼 있다.

이 연구는 베이컨 특유의 냄새에 기여하는 일부 화합물에 대한 일반적인 정보를 제공한다. 이것은 완전한 그림이 아닐 가능성이 높으며, 베이컨의 강렬한 향기를 만들어내는 화합물의 정확한 조합을 확인하려면 더 많은 연구가 필요할 것이다. 또, 이 연구는 사람의 반응은 전혀 고려하지 않았다. 사람 사이의 편차는 화학적으로 정량하기가 더 어렵다. 믿기 어렵겠지만, 어떤 사람들은 베이컨 냄새에 그렇게 열광하지 않는다!

생선 비린내의 원인은 무엇일까?

생선은 맛이 좋을 수 있지만, 어떤 사람들은 그 비린내(덜 신선할수록 더 강해지는) 때문에 생선을 싫어한다. 생선 가게에서 일하거나 생선을 손질해본 사람이면 잘 알 테지만, 생선은 만지면 손가락에 끈적끈적하게 들러붙는 경향도 있다. 그렇다면 이 강력한 냄새의 원인은 무엇일까?

비린내의 원인 화합물은 실제로는 바닷물고기의 자연 서식지에서 유래한다. 평균적으로 바닷물은 1L당 약 35g의 염분이 들어 있다. 삼투 현상은 농도가 높은 곳에서 낮은 곳으로 물 분자가 이동하는 과정인데, 물고기의 세포는 세포 내 수분 함량을 유지하기 위해 삼투 물질을 함유하고 있다. 삼투 물질은 세포 내에서 용해되어 세포의 부피를 유지하는 데 도움을 준다. 물고기의 주요 삼투 물질은 산화트라이메틸아민이라는 화합물이다.

산화트라이메틸아민 자체는 아무 냄새가 없다. 하지만 물고기를 잡아 바다에서 꺼내면, 죽은 물고기의 몸속에서 효소와 세균이 함께 작용해 이 화합물을 분해한다. 분해 산물 가운데 트라이메틸아민이 있는데, 생선 비린내의 주요 원인 물질이 바로 이 화합물이다. 이것은 또한 생선이 얼마나 신선한지 알려주는 지표 역할을 한다. 트라이메틸아민이 더 많아 비린내가 더 많이 날수록 생선은

바다에서 나온 지 더 오래되었다. 잡은 직후에 바다에서 나온 생선은 실제로 '비린내'가 전혀 나지 않는다! 민물고기는 비린내가 거의 나지 않는데, 산화트라이메틸아민이 훨씬 적게 들어 있기 때문이다.

비린내를 줄이려면 어떻게 해야 할까? 특히 생선 손질을 한 뒤에 손에서 그 냄새를 없애고 싶다면 어떻게 하는 게 좋을까? 기본적인 화학 지식이 도움을 줄 수 있다. 트라이메틸아민 같은 아민계 화합물은 염기성 물질이다. 즉, 산과 섞이면 중화되는 물질이란 뜻이다. 가장 많이 추천하는 방법은 레몬 즙이지만, 이론적으로는 그 밖의 산성 식품도 쓸 수 있다.

생선 비린내를 도저히 참을 수 없다면, 생선 냄새 증후군 환자의 불운한 처지를 생각해보라. 이 희귀 질환에 걸린 사람은 체내의 특정 효소에 결함이 생긴다. 이 효소에 결함이 있는 사람은 몸속에서 트라이메틸아민을 산화시켜 산화트라이메틸아민으로 돌아가게 하는 과정이 일어나지 못한다. 그래서 트라이메틸아민이 몸속에 축적되었다가 땀과 소변과 숨으로 배출되는데, 이 때문에 불운한 환자의 몸에서 문자 그대로 생선 비린내가 난다.

세균과 물고기의
효소는
산화트라이메틸아민을
여러 가지 화합물로
분해한다.

트라이메틸아민 함량은
물고기의 신선도를
평가하는 보편적인
방법이다.

산화트라이메틸아민
(TMAO)

트라이메틸아민
(생선 비린내의 주요 원인)

민물고기의 '흙' 맛

민물고기는 산화트라이메틸아민이 적게 들어 있어 비린내가 강하게 나지
않는다. 하지만 지오스민geosmin과 2-메틸아이소보르네올이라는 화합물
때문에 흙 맛이 난다.

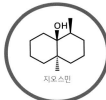

지오스민

2-메틸아이소보르네올

2-헵탄온
냄새: 치즈, 과일

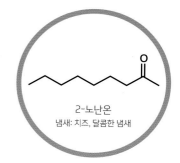

2-노난온
냄새: 치즈, 달콤한 냄새

블루치즈의 종류에 따른 냄새 차이

블루치즈는 치즈에 포함된 냄새 유발 화합물의 농도 차이에 따라 냄새가 제각각 다르다. 여러 치즈에서 냄새를 유발하는 주요 화합물 중 몇 가지를 아래에 소개한다. 굵은 서체로 표시한 것은 가장 중요한 역할을 하는 성분이다.

스틸턴	고르곤졸라	로크포르
2-헵탄온	**2-노난온**	**2-헵탄온**
2-뷰탄온	2-헵탄온	**2-노난온**
2-펜탄온	2-운데칸온	2-펜탄온

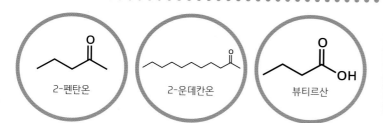

2-펜탄온

2-운데칸온

뷰티르산

치즈에서 냄새를 내는 그 밖의 물질

치즈 냄새에 기여하는 화합물은 그 밖에도 많이 있다. 그중 일부는 다른 곳에서도 발견된다. 예를 들면, 뷰티르산은 사람 구토물의 한 성분이다.

블루치즈 냄새가 그토록 강렬한 이유는?

모든 치즈 중에서도 블루치즈는 아주 독특한 냄새를 자랑한다. 스틸턴이나 로크포르 치즈 블록의 향기는 그냥 지나치기 어렵다. 그런데 블루치즈가 체다 치즈 같은 다른 치즈들보다 월등히 강한 냄새가 나는 이유는 무엇일까?

블루치즈의 차별적인 모습과 향기는 치즈 제조 과정에서 의도적으로 첨가하는 특별한 종류의 곰팡이 때문에 생겨난다. 이 곰팡이는 바로 페니실린의 원료로 쓰이는 푸른곰팡이이다. 가장 많이 사용되는 것 중 하나는 페니실륨 로크포르티*Penicillium roqueforti*인데, 이 이름은 프랑스 도시 로크포르에서 딴 것이다. 당연히 이 곰팡이는 로크포르 치즈를 만드는 데 쓰이며, 그 밖에 대니시 블루치즈와 스틸턴 치즈를 만드는 데에도 쓰인다. 치즈에 곰팡이를 넣은 뒤에는 치즈에 공기가 들어가도록 구멍을 숭숭 뚫는다. 곰팡이가 자라면서 특유의 초록색과 파란색 선들이 치즈 곳곳으로 뻗어 나간다.

곰팡이는 자라면서 치즈의 지방산을 *n*-메틸 케톤이라는 화합물 집단으로 바꾸는 효소들을 만들어낸다. 만들어질 수 있는 *n*-메틸 케톤 화합물의 종류는 아주 많지만, 맛과 냄새에 가장 중요한 것은 2-헵탄온과 2-노난온이다. 둘 다 단순히 '블루치즈'라고 부를 수 있는 독립적인 냄새가 있다.

당연히 블루치즈의 종류에 따라 이 화합물의 함량이 제각각 다르다. 두 화합물은 로크포르 치즈에 가장 많이 들어 있으며, 2-헵탄온은 스틸턴 치즈에 가장 많고, 2-노난온은 고르곤졸라에 가장 많다. 2-펜탄온은 스틸턴 치즈에 상대적으로 많이 들어 있으며, '맥아와 과일' 향이라고 묘사하는 냄새가 난다. 모든 블루치즈에서 정확하게 똑같은 냄새가 나지 않는 이유는 이 때문이다.

치즈 냄새에 관한 이야기라면, 파마산 치즈도 빼놓을 수 없다. 파마산 치즈의 핵심적인 향기 화합물 중 하나는 뷰티르산이다. 이 화합물은 다소 불행한 이중의 삶을 살아가는데, 사람 구토물 냄새의 핵심 성분 중 하나이기도 하기 때문이다. 흥미롭게도(혹은 역겹게도) 피험자의 눈을 가린 뒤 뷰티르산과 아이소발레르산의 혼합물 냄새를 맡게 하면서 파마산 치즈 냄새라고 말하면 피험자는 그 냄새를 좋은 것으로 느끼는 반면, 구토물 냄새라고 말하면 역겨움을 느낀다.

콩을 먹으면 왜 배 속에 가스가 찰까?

콩이 위에 가스를 차게 하는 성질이 있다는 것은 굳이 설명하지 않아도 잘 알 것이다. 이 사실은 아주 잘 알려져 있으며, 콩을 조금만 먹어도 불편한 결과를 맞을 수 있다. 그 원인은 콩의 화학적 조성과 우리가 콩을 먹었을 때 위에서 이 화합물들에 일어나는 일에 있다.

콩에는 올리고당이라고 부르는 특별한 종류의 당류가 들어 있다. 올리고당은 다당류(단당류가 2개 이상 긴 사슬로 연결된 분자)의 한 종류이다. 단당류의 예로는 과당과 포도당이 있다.

콩에 특히 많이 들어 있는 올리고당은 라피노스raffinose와 스타키오스stachyose이다. 이것들은 아주 큰 분자이기 때문에 소화가 잘 되지 않는다. 우리 소화계에서 음식물 분해를 담당하는 효소들은 이 분자들을 충분히 작게 분해하지 못하기 때문에, 이 분자들은 작은창자에서 창자벽을 통해 흡수되지 않는다. 그래서 콩을 먹으면, 이 분자들은 잘게 쪼개지지 않은 채 큰창자까지 갈 확률이 높다.

큰창자에 도착한 올리고당 분자들은 그곳에 서식하는 엄청난 수의 세균(이를 가끔 '장내 세균총'이라고도 부른다)을 만나게 된다. 이 세균들은 우리 소화계가 할 수 없는 일을 처리하는 걸 아주 좋아하여 큰창자로 온 올리고당 분자를 분해한다. 그 과정에서 이산화탄소와 수소를 포함해 다양한 기체가 부산물로 생긴다.

이것들은 결국 황화수소 같은 기체(메테인싸이올과 다이메틸 설파이드도 포함해)의 생성으로 이어지는데, 이것은 사람의 배 속에 찬 기체에서 자주 발견되는 냄새 고약한 화합물이다. 이런 효과를 지닌 채소는 콩뿐만이 아니다. 양파와 마늘, 콜리플라워, 양배추, 방울다다기양배추를 포함해 많은 채소는 우리 소화계가 잘 소화하지 못하는 올리고당이나 다당류를 포함하고 있다.

그렇다면 콩의 이런 효과를 줄이려면 어떻게 해야 할까? 한 가지 방법은 조리하기 전에 콩을 물에 담가두는 것이다. 이 방법은 베이크트 빈즈(baked beans, 토마토 소스에 넣어 삶은 콩. 통조림으로 판매됨)처럼 이미 토마토 소스에 섞인 채 나오는 콩에는 별로 효과가 없지만, 다른 경우에는 올리고당 일부를 제거하는 데 도움이 된다. 하지만 그래 봐야 25% 정도 줄이는 데 그치기 때문에, 문제를 완전히 해결할 수 있는 것은 아니다. 또 다른 방법으로는 콩을 먹기 전에 비노Beano라는 식이 보충제를 섭취하는 것이다. 비노에는 큰창자에 도달하기 전에 올리고당과 다당류의 분해를 돕는 효소가 들어 있다.

그런데 모든 책임을 올리고당에게만 돌릴 수 없을지도 모른다. 식물 세포에서 세포벽 시멘트 역할을 하는 단백질과 다당류 역시 우리 소화계에 비슷한 문제를 만들어내 비슷한 방식으로 가스를 만들 수 있다는 주장도 있다.

당근은 어둠 속에서 앞을 보는 데 도움을 줄까?

당근이 야간 시력을 향상시킨다는 이야기는 상식처럼 퍼져 있으며, 이 때문에 많은 어린이들은 먹기 싫은데도 부모의 강압에 못 이겨 당근을 억지로 먹는다. 이 주장이 과연 사실인지 판단하려면, 당근에 포함된 성분들을 분석하고 체내에서 이 성분들에 어떤 일이 일어나는지 조사할 필요가 있다.

당근의 주황색은 당근에 함유된 베타-카로틴이라는 화합물이 원인이다. 베타-카로틴은 분자 속의 결합들이 특정 파장의 가시광선을 흡수하여 특정 파장의 광선만 반사하는 결과를 낳는데, 당근이 주황색인 이유는 이 때문이다. 섭취된 베타-카로틴은 간에서 비타민 A로 변한다.

비타민 A는 실제로는 화학 구조가 서로 아주 비슷한 화합물들의 집단이다. 그중에는 사람과 동물의 시력에서 화학적 기반을 이루는 화합물인 레티날도 포함돼 있다. 레티날은 눈의 망막에 있는 단백질에 들러붙으며, 가시광선을 강하게 흡수한다. 흡수된 광자는 레티날 분자를 한 이성질체에서 다른 이성질체로 변하게 한다. 이런 일이 일어나면, 레티날 분자는 이제 단백질에 들러붙어 있던 장소에 딱 들어맞지 않아 풀려나오게 된다. 이러한 움직임은 단백질이 들러붙어 있는 막의 신경세포에서 전기 자극으로 바뀐다. 전기 자극은 시각 신경을 통해 뇌로 전달돼 해석된다.

얼핏 보기에는 당근이 시력에 도움을 준다는 주장에 상당한 과학적 근거가 있는 것처럼 보인다. 레티날은 시력에 필수적인 물질이고, 당근에 들어 있는 베타-카로틴은 눈에 필요한 레티날을 만드는 화합물을 제공한다. 하지만 당근 섭취는 비타민 A가 부족한 사람에게만 시력 향상에 도움을 줄 수 있다. 왜냐하면, 간에는 이미 여분의 베타-카로틴이 저장돼 있으며, 시력에 필요한 비타민 A는 극소량만 있으면 충분하기 때문이다. 하루에 당근 하나면 우리 몸에 필요한 베타-카로틴을 모두 공급하고도 남는다.

당근이 시력에 도움을 준다는 이야기는 제2차 세계 대전 때 영국이 퍼뜨린 선전에서 비롯된 것으로 밝혀졌다. 새로운 레이더 시스템으로 독일 폭격기의 위치를 알아내 격추시키는 데 성공한 뒤, 영국군은 야간 시력을 향상시키기 위해 파일럿이 당근을 먹는다는 가짜 선전을 퍼뜨리기 시작했는데, 이는 레이더의 존재를 독일군에게 숨기기 위해서였다. 이 허위 정보 선전전이 아주 큰 효과를 발휘해 일반 사람들 사이에 진실처럼 뿌리를 내렸고, 그것이 지금까지도 계속되고 있는 것이다.

당근을 과잉 섭취할 경우에 나타나는 효과가 하나 있다. 당근을 너무 많이 섭취하면, 체내의 카로틴 수치가 높아져 피부가 노란색으로 변하는 증상이 나타날 수 있다. 의학적으로는 이 증상을 카로틴혈증carotenemia이라고 부른다.

비트를 먹으면 왜 빨간색 소변이 나올까?

● ●

화

비트의 특이한 효과 중 하나는 소변의 색을 빨갛게 변하게 하는 것이다. 이 효과를 영어로는 비투리아beeturia라고 부른다. 비트를 먹은 사람 모두에게 이 효과가 나타나는 것은 아니다. 그렇다면 이 효과의 원인이 되는 화합물은 무엇이며, 왜 모든 사람에게 나타나지 않을까?

빨간색 소변의 원인이 되는 화합물이 비트에도 빨간색을 띠게 한다는 사실은 그다지 놀랍지 않다. 비트의 진한 빨간색은 베타사이아닌이라는 화합물 집단 때문에 나타난다. 이 화합물 집단에는 비슷한 화학 구조를 가진 화합물이 많이 포함돼 있다. 베타닌은 비트의 색에 가장 중요한 역할을 하며, 비트에서 추출해 식용 색소로 쓰인다. 이 색소는 '비트루트 레드Beetroot Red라는 이름이 붙어 있으며, 식품 첨가물 번호E number는 E 162이다. 비트에 들어 있는 또 하나의 화합물 집단은 베타잔틴이다. 베타잔틴은 분리하면 노란색을 띠며, 베타사이아닌보다 낮은 농도로 들어 있다.

빨간색 소변이 나오는 이유는 베타사이아닌이 일부 사람들의 소화계에서 분해가 되지 않기 때문이다. 왜 분해되지 않는지 그 이유는 아직 확실하게 밝혀지지 않았다. pH 값이 충분히 낮은 (산성이 아주 강한) 위산에서는 베타사이아닌이 분해되지만, 실제

위산은 그만큼 강하지 않아 이런 일이 일어나지 않는다는 주장이 제기되었다. 그 결과로 베타사이아닌은 나머지 소화계를 지나가면서 잘록창자(결장)에서 창자벽을 통해 혈액 속으로 흡수된 뒤, 콩팥에서 여과되어 소변으로 흘러든다. 물론 대사가 되지 않은 일부 베타사이아닌이 잘록창자에 머물면서 대변을 화려한 자주색으로 물들이는 결과를 낳을 수 있다.

이 화합물들의 분해 과정이, 아직 완전히 밝혀지지 않은 유전적 요인에 영향을 받을 가능성도 있다. 예를 들어 유전적으로 위산의 산도가 강한 사람은 베타사이아닌을 효율적으로 분해해 소변이 빨간색으로 물드는 일은 절대로 일어나지 않을 것이다. 하지만 지금까지의 연구 결과에 따르면, 유전적 요인과는 직접적인 연관성이 없는 것으로 드러났다. 또 다른 흥미로운 연구에 따르면, 빨간색 오줌은 혈색소증(몸속에 철이 지나치게 많이 축적되는 증상)을 조기에 알려주는 징후일 가능성이 있다.

일부 연구에 따르면, 정도의 차이만 있을 뿐 모든 사람이 비투리아를 경험한다고 한다. 한 연구에서는 모든 피험자의 소변에서 비트의 화학적 색소들이 발견되었으며, 다만 그 색이 눈에 띌 만큼 색소의 농도가 충분히 높은 피험자는 그중 일부에 불과한 것으로 드러났다.

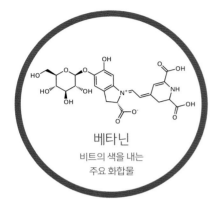

베타닌
비트의 색을 내는
주요 화합물

10~14%
전체 인구 중 비투리아를
경험하는 비율

일부 연구에 따르면, 정도의 차이는 있을 뿐 모든 사람이 비투리아를 경험한다고 한다.
다만 그 색이 눈에 띌 만큼 색소의 농도가 충분히 높은 피험자는 그중 일부에 불과한 것으로 드러났다.

비투리아의 원인

 유전적 요인

 철 결핍

 위산의 산도

클로로필 A

감자에 든 솔라닌의 양

속살(보통 감자)	~12mg/kg
껍질(보통 감자)	~150mg/kg
껍질(초록색 감자)	~1068mg/kg
권장 안전 수준	200mg/kg

솔라닌
주요 독성 알칼로이드

225~450mg
솔라닌의 추정 치사량
(체중이 75kg이라고 가정했을 때)

감자는 왜 초록색으로 변할까?

감자를 한동안 어디다 놔두고 깜빡 잊어버린 적이 없는지? 그러면 감자에 싹이 나거나 심지어 뿌리까지 자라났을 것이다. 또, 감자를 빛이나 고온에 노출된 상태로 충분히 오랫동안 방치해 옅은 초록색을 띠기 시작한 감자를 본 적이 있을지도 모른다. 이럴 때에는 감자를 먹기 전에 초록색 부분을 잘라내라고 충고하는데, 여기에는 그럴 만한 이유가 있다.

초록색 자체는 아무 문제가 없다. 햇빛을 흡수해 에너지로 바꾸는 색소인 엽록소가 많이 생긴 결과일 뿐이다. 하지만 이 결과로 생기는 초록색은 글리코알칼로이드라는 화합물 집단의 함량을 비교적 믿을 만하게 알려주는 지표로 간주된다. 글리코알칼로이드는 초록색으로 변하기 전부터 감자에 자연적으로 존재하는 독소 집단으로, 일반적으로 껍질과 싹에 높은 농도로 들어 있다. 대개는 그 농도가 아주 낮아 해로운 효과를 나타내지 않지만, 초록색으로 변한 감자나 기계적 손상을 입은 감자에서는 그 농도가 충분히 높아져 해로운 효과를 나타낼 수 있다.

글리코알칼로이드 집단에 속한 화합물은 90종이 넘으며, 많은 식물에 들어 있다. 감자에 들어 있는 주요 글리코알칼로이드는 솔라닌과 차코닌인데, 둘 다 사람에게 독성 효과를 나타낸다. 이 화합물은 살균과 살충 효과가 있으며, 감자에서는 스트레스에 반응해 흔히 만들어진다.

솔라닌과 차코닌은 몸속의 세포막을 파괴할 수 있다. 글리코알칼로이드 중독의 증상으로는 위경련, 메스꺼움, 설사, 구토 등이 있고, 심하면 환각, 혼수, 사망에까지 이를 수 있다. 글리코알칼로이드는 체중 1kg당 2~5mg을 섭취하면, 인체에서 독성을 나타낼 수 있다. 따라서 체중 70kg의 평균적인 어른이라면, 한 번 식사에서 140~350mg을 섭취해야만 독성이 나타난다. 감자 1kg당 200mg 정도 포함된 글리코알칼로이드는 안전한 수준으로 간주된다. 얼핏 보기에는 위험한 양 같지만, 한 번 식사에서 감자를 1kg이나 먹기는 어렵다. 게다가 대부분의 감자는 글리코알칼로이드 함량이 이보다 훨씬 낮다.

품종에 따라 감자에 들어 있는 글리코알칼로이드의 양에 큰 차이가 있으며, 가게에서 파는 품종은 글리코알칼로이드 함량이 낮도록 개량한 것이라는 사실도 알아둘 필요가 있다. 그러니 초록색으로 변하기 전에는 감자를 두려워할 이유가 전혀 없다. 초록색으로 변한 감자는 껍질을 벗기면 대개 안전하게 먹을 수 있다. 다만 특별히 쓴맛이 난다면, 속에도 글리코알칼로이드가 많이 들어 있을 가능성이 있다. 애초에 감자가 초록색으로 변하는 것을 막으려면, 서늘하고 어둡고 건조한 곳에 보관하는 것이 좋다.

아보카도는 왜 그렇게 빨리 갈색으로 변할까?

아보카도는 익고 나서 금방 갈색으로 변한다. 다소 실망을 안겨주는 이 과정 뒤에는 언제나처럼 화학 과정이 그 원인으로 자리 잡고 있다.

아보카도 과육은 주로 올레산과 리놀레산 같은 지방산으로 이루어져 있다. 당류나 녹말은 아주 적게 포함돼 있으며, 아보카도는 나무에서 따기 전에는 익지 않는다.

아보카도 과육이 빠르게 갈색으로 변하는 것은 공기 중의 산소에 노출된 결과인데, 아보카도 자체에 존재하는 페놀계 화합물도 이에 기여한다. 산소가 있을 때, 아보카도에 포함된 폴리페놀 산화 효소는 페놀계 화합물이 퀴논계 화합물로 변하는 과정을 돕는다. 퀴논은 작은 분자들을 결합시켜 긴 사슬로 만드는 중합 능력이 있어 폴리페놀이라는 중합체를 만든다. 이 중합 과정의 결과로 과육이 갈색으로 변한다. 온전한 아보카도에서는 갈색이 나타나지 않는다. 과육이 산소에 노출되지 않았을 뿐만 아니라, 페놀계 화합물은 식물 세포의 액포에 저장돼 있는 반면, 효소는 액포 바깥의 세포질에 있기 때문이다. 따라서 세포 구조에 손상이 생기고 산소에 노출되어야만 갈색이 나타나게 된다.

갈변 현상은 아보카도에서만 일어나는 게 아니다. 사과를 비롯해 많은 과일에서 볼 수 있는 갈변 현상 역시 이 반응의 결과로 일어난다. 과일 자체에 이것은 미학적으로 그다지 아름다운 과정은 아니다. 퀴논은 세균에 독성이 있는 화합물이기 때문에, 페놀계 화합물에서 퀴논이 생성되면 산소에 노출된 뒤 썩을 때까지 과일이 더 오래 버티는 데 도움이 된다.

아보카도의 갈변을 막을 수 있는 방법이 여러 가지 있다. 가장 효과적인 방법 중 하나는 노출된 과육에 레몬 즙을 문지르는 것이다. 갈변 반응을 돕는 효소들은 산성 조건에 민감한데, 산성 조건에서는 효소가 훨씬 느리게 작용한다. 또 한 가지 방법은 아보카도 과육을 랩으로 꽁꽁 싸는 것이다. 그러면 산소의 접촉을 막아 갈변을 방지할 수 있다. 냉장고에서 차갑게 보관하는 것도 효소의 작용을 어느 정도 늦출 수 있는데, 낮은 온도에서는 효소의 활동이 느려지기 때문이다. 민간에서 흔히 권장하는 방법은 아보가도 씨를 빼내지 말고 그냥 두는 것인데, 이 방법은 씨가 산소를 차단해주는 부분만 보호할 수 있을 뿐이다. 노출된 부분은 시간이 지나면, 여전히 갈색으로 변한다.

마지막으로 아보카도와 관련해 내가 하고 싶은 이야기는 이름의 기원에 관한 것이다. 그 모양 때문이건 혹은 아보카도가 최음제 성질을 갖고 있다고 생각해서이건, 아즈텍족은 아보카도가 자라는 나무를 아와카콰이틀이라 불렀는데, 대략 '고환나무'로 번역된다. 그리고 과카몰레(guacamole, 아보카도를 으깬 것에 토마토, 양파, 향신료 따위를 넣은 소스)는 아와카몰리라는 아즈텍 단어에서 유래했는데, 고환 수프라는 뜻이다. 멋지지 않은가! 아즈텍족의 어휘에서 어느 단어가 먼저 생겼는지는 알 수 없지만, 아보카도를 가리키는 단어가 완곡하게 '고환'을 가리키는 데 쓰였을 가능성이 충분히 있다(그 반대가 아니라). 어느 쪽이든, 다음에 아보카도나 과카몰레를 먹을 기회가 있거든, 이 이야기로 친구들의 식욕을 싹 떨어뜨릴 수 있을 것이다.

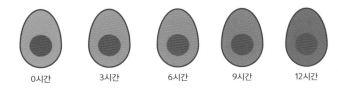

0시간 3시간 6시간 9시간 12시간

카테콜
(폴리페놀의 일종)

효소
(폴리페놀 산화 효소)
산소

1,2-벤조퀴논

멜라닌

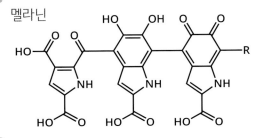

멜라닌이라는 중합 색소가 갈변 반응을 일으킨다.
멜라닌은 사람의 피부색을 결정하는 주요 색소이기도 하다.

아보카도의 갈변을 막는 방법

랩으로 꽁꽁
싼다.

레몬 즙을
문지른다.

냉장고에
보관한다.

E100, 커큐민
natural yellow 3

식품 첨가물 번호란 무엇인가?

유럽연합에서 식품 첨가물로 사용이 허용된 물질은 식품 첨가물 번호E number를 사용해 분류한다. 식용 색소에는 E100부터 E199까지의 번호를 사용한다. 보존제와 조미료, 감미료, 증점제, 그리고 식품에 보편적으로 첨가되는 그 밖의 화학 물질에도 식품 첨가물 번호가 붙는다.

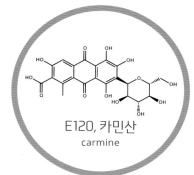

E120, 카민산
carmine

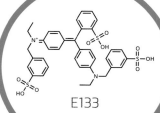

E132, 인디고 카민
indigotine

E160E, 아포카로테날
food orange 6

E133
brilliant blue FCF

식용 색소는 어떻게 색을 낼까?

합성 색소이건 천연 색소이건, 식품에 첨가할 수 있는 식용 색소의 종류는 아주 다양하다. 우리가 먹는 많은 식품에는 식용 색소가 들어 있는데, 일부 식품에는 자연적으로 들어 있는 것도 있다. 그런데 식용 색소는 어떻게 색을 낼까?

왼쪽 그림의 분자들을 살펴보면, 모든 화합물의 구조에서 한 가지 공통점을 발견할 수 있다. 전체 구조 중 일부에 탄소들 사이에 이중 결합과 단일 결합이 교대로 반복되는 구조가 포함돼 있다. 화학에서는 이것을 '켤레 이중 결합' 또는 '공액 결합'이라고 부른다. 이 결합에 관여하는 전자들은 각각의 이중 결합과 단일 결합 영역에 단단히 고정돼 있지 않고, 교대로 반복되는 이중 결합과 단일 결합 영역 전체에 걸쳐 퍼져 있다.

그건 그렇다 치더라도, 이것이 왜 분자의 색에 영향을 미친단 말인가? 분자나 원자 속의 전자는 빛을 흡수할 수 있다. 모든 전자의 에너지 준위는 '바닥 상태'에서 시작한다. 전자가 에너지를 흡수하면 '들뜬 상태'가 된다. 켤레 이중 결합 분자의 경우, 바닥 상태에서 들뜬 상태로 변하는 데 필요한 에너지는 가시광선의 파장에 해당하는 에너지이다. 가시광선이 이런 분자에 충돌하면, 특정 파장들의 빛이 전자들에 흡수되고, 나머지 빛은 그냥 통과한다. 따라서 우리 눈에 보이는 색은 분자의 흡수에 의해 어떤 색의 빛이 제거되느냐에 좌우된다.

비슷한 분자들의 경우, 반복되는 이중 결합과 단일 결합의 수를 바탕으로 그 색을 추측해 볼 수 있다. 하지만 일반적으로는 예측하기가 아주 어려운데, 분자의 종류가 다르면 구조나 작용기가 완전히 다른 경우가 많기 때문이다.

식용 색소는 건강에 미치는 효과 때문에 오랫동안 논란이 되었는데, 일부 경우에는 그럴 만한 근거가 충분히 있다. 일부 합성 식용 색소는 과량 섭취하면 암을 유발하는 위험이 있는 것으로 밝혀져 식품에 사용하는 것이 금지되었다. 천연 물질로 만든 식용 색소 여섯 가지도 어린이에게 과다 활동을 유발할 가능성이 있다는 연구가 나오자 자발적으로 시장에서 철수했다. 이 식용 색소들은 '사우샘프턴 식스'라고 불렸는데, 그 연구를 한 곳이 사우샘프턴 대학교였기 때문이다. 아직도 이 여섯 가지 색소 중 하나를 사용하는 제품은 포장지에 이 사실을 눈에 잘 띄게 표시해야 한다. 하지만 나머지 식용 색소들은 모두 엄격한 안전 검사를 통과했고, 식품에 첨가해도 무해한 것으로 간주된다.

연어와 새우는 왜 분홍색일까?

연어는 대구나 해덕대구처럼 우리가 흔히 먹는 다른 생선들의 창백한 흰색과 비교하면 다소 특이한 색을 띠고 있다. 연어의 분홍색이나 새우 같은 갑각류를 조리했을 때 나타나는 분홍색의 원인은 아스타잔틴이라는 한 특정 화합물에 있다.

아스타잔틴은 카로티노이드 화합물 중 하나이다. 카로티노이드 화합물은 600종이 넘으며, 그들 모두가 식물에 색소로 들어 있다. 야생에서 조류藻類와 그 밖의 미생물이 아스타잔틴을 부산물로 만드는데, 새우와 작은 물고기를 포함한 바다 동물들이 이것을 섭취한다. 연어가 이 동물들을 먹으면, 그 속에 든 아스타잔틴도 함께 섭취하게 된다. 아스타잔틴이 살 속에 축적되면서 연어는 우리가 흔히 떠올리는 그런 분홍색을 띠게 된다.

오늘날 우리가 먹는 연어 중 다수는 양식된 것인데, 양식은 축적되는 아스타잔틴의 양에 영향을 미칠 수 있다. 그래서 양식 연어의 살색은 분홍색이 옅을 수 있다. 그래서 생물로부터 얻는 아스타잔틴뿐만 아니라 합성 아스타잔틴을 먹이에 첨가함으로써 연어를 시장에 내놓을 때쯤에는 살색을 사람들이 기대한 색으로 만들 수 있다. 합성 아스타잔틴은 천연 아스타잔틴과 완전히 동일한 화합물이기 때문에, 이렇게 색을 첨가하는 방법에는 아무 위험이 없다.

앞에서 언급했듯이, 새우의 몸에도 아스타잔틴이 포함돼 있다. 그런데 왜 새우는 조리를 해야만 분홍색으로 변할까? 그 이유는 아스타잔틴이 살아 있는 새우(그리고 그 밖의 갑각류)의 몸속에서는 단백질과 결합해 크루스타사이아닌이라는 착물 상태로 존재하기 때문인데, 이 물질은 흡수하는 빛이 아스타잔틴과 달라 새우의 살은 조리하기 전에는 청회색을 띤다. 크루스타사이아닌은 열을 받으면 분해되어 아스타잔틴의 분홍색이 나타나게 된다. 연어 살이 조리를 하지 않아도 분홍색을 띠는 이유는 연어는 먹이를 소화하는 동안 그 단백질을 분해하기 때문이다.

홍학이 분홍색인 이유도 아스타잔틴 때문이다. 홍학은 새우를 잡아먹으면서 연어와 비슷한 방식으로 몸속에 아스타잔틴이 축적되어 깃털이 분홍색을 띠게 된다.

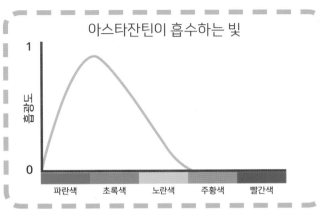

아스타잔틴이 흡수하는 빛

(세로축: 흡광도)
(가로축: 파란색, 초록색, 노란색, 주황색, 빨간색)

아스타잔틴의 켤레 이중 결합과 색

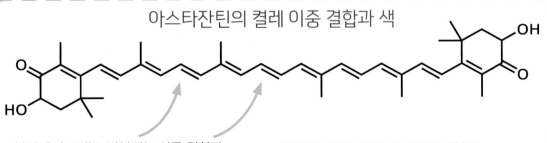

분자에서 교대로 반복되는 이중 결합과
단일 결합을 켤레 이중 결합이라 한다.

켤레 이중 결합이 많은, 즉 교대로 반복되는
이중 결합과 단일 결합이 많은 분자는
가시광선을 흡수해 색을 나타낸다.

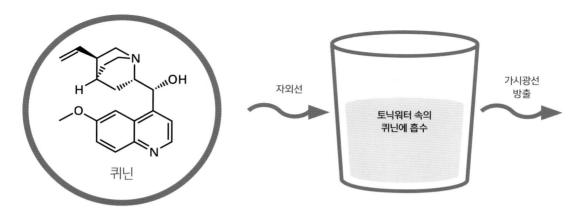

퀴닌

자외선 → 토닉워터 속의 퀴닌에 흡수 → 가시광선 방출

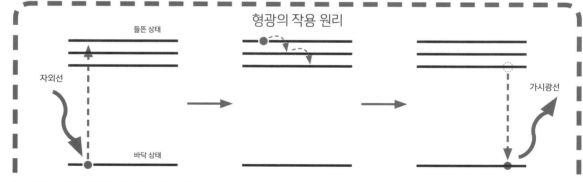

형광의 작용 원리

들뜬 상태

자외선

바닥 상태

가시광선

분자 속의 전자들이 자외선에서 에너지를 흡수하여 처음의 에너지 준위(바닥 상태)에서 더 높은 에너지 준위(들뜬 상태)로 올라간다.
이 상태는 불안정하기 때문에, 전자는 결국 다시 바닥 상태로 떨어지는데, 그 과정에서 여분의 에너지를 가시광선으로 방출한다.

토닉워터는 왜 자외선 아래에서 빛이 날까?

진 토닉을 즐겨 마신다면(뭐 아니라도 상관없지만), 다음에 자외선등을 사용할 기회가 있을 때 다음 실험을 한번 해보라. 캄캄한 방에서 토닉워터가 든 잔이나 병에 자외선을 비추면, 토닉워터가 밝은 파란색으로 빛나는 아주 기이한 현상을 관찰할 수 있다. 이 현상은 보통 수돗물에서는 나타나지 않는다. 토닉워터에는 어떤 성분이 들어 있길래 자외선 아래에서 이토록 밝게 빛날까?

그 원인은 토닉워터에 포함된 퀴닌이라는 화합물에 있다. 퀴닌 분자는 자외선 파장의 빛을 흡수하는 능력이 있는데, 특히 250~350nm 파장의 빛을 잘 흡수한다. 이렇게 광자들을 흡수하면, 분자 내의 전자들이 들뜨면서 평소보다 높은 에너지 준위로 올라가게 된다. 하지만 전자가 높은 에너지 준위에 계속 머물러 있는 것은 아니다. 얼마 뒤, 원래의 에너지 준위로 내려오게 되는데, 이 과정에서 여분의 에너지가 빛으로 방출된다. 이것은 처음에 흡수한 빛보다 더 긴 파장의 빛으로 방출되는데, 그래서 우리 눈에 보이지 않는 자외선이 아니라 가시광선 중 파란색 영역의 빛으로 나온다. 형광이라고 부르는 이 과정의 결과로 우리 눈에는 토닉워터가 밝은 파란색으로 빛나는 것으로 보인다.

이 효과는 토닉워터에 포함된 퀴닌 때문에 일어난다. 따라서 퀴닌이 포함되지 않은 토닉워터를 가지고 실험을 한다면, 형광을 전혀 관찰할 수 없다. 하지만 형광 효과를 나타내는 분자는 퀴닌뿐만이 아니다. 그 밖에도 형광 효과를 나타내는 천연 분자가 많다. 그중에서 특별히 흥미로운 것이 크리스털해파리*Aequorea victoria*에 들어 있다. 이 물질은 해파리 몸속의 칼슘 이온과 반응하여 파란색 빛을 내는 단백질을 포함하고 있다. 이 파란색 빛은 다른 단백질에 의해 형광 현상이 일어나면서 초록색 빛으로 변한다. 그래서 이 해파리는 초록색으로 빛난다.

형광은 자연에서만 볼 수 있는 게 아니다. 위조 방지를 위해 지폐에 형광 보안 패턴을 집어넣는 경우가 많다. 예를 들어 영국의 모든 지폐는 형광 염료로 액면 가격을 인쇄하는데, 자외선을 비추면 그 부분이 빨간색과 초록색으로 빛난다.

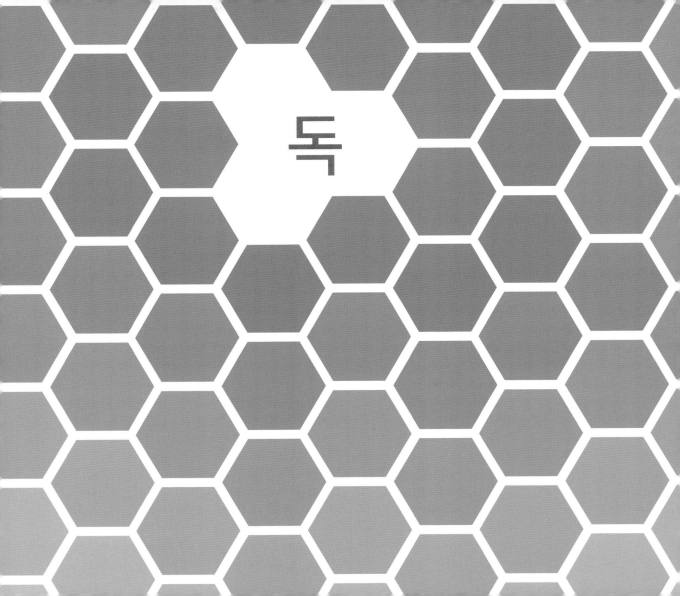
독

적혈구 응집 단위(hau)

70,000 : **200~400**

조리하지 않은
강낭콩

조리한
강낭콩

강낭콩 날것의 독성은 식물 적혈구 응집소(PHA)라는
단백질에서 나온다.

슈퍼마켓에서 파는 강낭콩 통조림은 먹어도 안전한데, 제조 과정에서 특별한 처리 공정을 거치기 때문이다.

몇 시간 동안 물에 **담가 놓았다가** 30분 동안 **삶는다.**

다른 콩들의 적혈구 응집 단위

카넬리니콩

누에콩

약 30% : 약 5~10%

강낭콩 날것의 적혈구 응집 단위와 비교한 수치

강낭콩 4~5개

강낭콩 날것을 이만큼만 먹어도 세 시간 이내에
다음과 같은 중독 증상이 나타난다.

| 메스꺼움 | 구역질 |
| 설사 | 복통 |

조리하지 않은 강낭콩은 왜 독성이 있을까?

강낭콩은 훌륭한 칠리 콘 카르네(chilli con carne, 간 소고기에 강낭콩, 칠리 파우더를 넣고 끓인 매운 스튜) 요리의 필수 재료이다. 하지만 강낭콩에는 어두운 면도 있는데, 조리하지 않은 강낭콩에는 사람을 아프게 하거나 심하면 죽게 하는 독소가 들어 있다. 다행히도 슈퍼마켓에서 판매하는 강낭콩 통조림은 섭취해도 아무 문제가 없도록 미리 필요한 과정을 거친 것이지만, 조리하지 않은 강낭콩에는 이 독성이 여전히 실질적인 위험으로 남아 있다.

강낭콩에 독성을 나타내는 독소는 식물 적혈구 응집소(PHA)라는 단백질이다. 콩에서 이 단백질은 해충과 병원균을 물리치는 데 도움을 준다. 하지만 사람 몸에서 PHA는 세포 복제(유사 분열)를 일으키고, 세포막에 영향을 미치고, 적혈구들을 뭉치게 할 수 있다.

PHA는 실제로는 많은 종류의 콩에서 발견되지만, 대부분의 콩에는 붉은 강낭콩과 흰 강낭콩보다 훨씬 낮은 농도로 들어 있다. PHA의 양은 대개 적혈구 응집 단위(hau)로 측정한다. 붉은 강낭콩 날것에는 최대 7만 hau까지 들어 있는 반면, 누에콩 날것에는 이것의 5~10%만 들어 있다.

붉은 강낭콩 날것을 4~5개만 먹어도 메스꺼움과 구토, 설사 같은 중독 증상이 나타날 수 있다. 충분히 많은 양을 먹으면 치명적일 수 있지만, 그런 일이 기록으로 남아 있는 사례는 드물다. 강낭콩을 아주 많이 먹지 않는 한, 대부분의 중독 사례는 병원 치료가 필요하지 않으며, 몇 시간이 지나면 증상이 가라앉는다.

그런데 슈퍼마켓에서 판매하는 강낭콩 통조림은 왜 전혀 걱정할 필요가 없다고 할까? 슈퍼마켓에 나오기 전에 독소의 농도를 최소화하도록 제조 과정에서 특별한 공정을 거치기 때문이다. 강낭콩을 몇 시간 동안 물에 담가 놓았다가 30분 동안 삶는다. 이 과정에서 독소가 열에 파괴되므로, 강낭콩은 먹어도 안전하다. 조리하기 전의 강낭콩에 비해 조리한 강낭콩에는 PHA가 겨우 200~400hau만 들어 있다. 강낭콩 중독 사례 중 일부는 날것을 섭취하거나 PHA를 분해할 만큼 충분히 높은 온도에 이르지 않는 저온 조리기로 조리했을 때 일어났다. 사실, 낮은 온도에서 조리하면 PHA의 농도가 오히려 높아질 수 있으므로, 강낭콩을 조리할 때에는 완전히 조리하도록 신경 쓰는 게 중요하다.

왜 어떤 버섯은 독성이 있을까?

버섯 종류를 구별하는 훈련을 받지 않았다면 야생 버섯을 함부로 따먹지 말라고 경고하는 데에는 다 그럴 만한 이유가 있다. 치명적인 독소가 들어 있는 일부 버섯은 겉모습만 봐서는 식용 버섯과 구별하기 어렵다. 다양한 종류의 버섯 독소 중에서 가장 많이 목숨을 앗아가는 것은 아마톡신과 오렐라닌이다.

'죽음의 모자'와 '죽음의 천사'란 섬뜩한 별명이 붙어 있는 알광대버섯과 독우산광대버섯은 아마톡신을 함유하고 있다. 아마톡신은 비슷한 구조를 가진 화합물들의 집단(현재까지 10종이 알려져 있다)인데, 이 화합물들은 종류에 따라 일부 구조에 사소한 차이만 있을 뿐이다. 유의미한 양으로 발견되는 주요 아마톡신은 알파-아마니틴, 베타-아마니틴, 감마-아마니틴인데, 이 셋은 모두 반수 치사량(피실험 동물에게 어떤 물질을 투여했을 때 그중 절반이 죽는 양)이 체중 1kg당 0.5~0.75mg이다.

아마톡신 중독 증상이 뚜렷하게 나타나기까지는 6~24시간이 걸린다. 초기 증상으로는 위경련, 구토, 설사가 나타난다. 이 증상들은 며칠 지나면 나아지지만, 결국엔 독소가 간과 콩팥의 기능을 손상시켜 버섯을 먹은 사람은 5~8일 만에 사망하게 된다. 아마톡신 중독 진단을 받은 환자 중 10~20%가 사망하는 것으로 추정되며, 살아남은 사람들 중 상당수는 간 이식 수술을 받는 게 필요하다.

녹슨끈적버섯과 유럽에 서식하는 끈적버섯의 한 종류인 풀스 웹캡fool's webcap, Cortinarius orellanus에는 오렐라닌이 들어 있다. 오렐라닌에 중독되면, 처음에는 갈증과 위경련, 메스꺼움 증상이 나타나다가 조금 지나면 소변이 적게 나오거나 전혀 나오지 않게 된다. 초기 증상이 나타나기까지는 최대 3주일이나 걸릴 수 있지만, 대개는 버섯을 먹고 나서 2~3일이 지나면 나타난다. 후기 증상은 콩팥 손상 때문에 나타나는데, 심하면 콩팥 기능 상실에 이른다. 오렐라닌의 해독제는 알려진 게 없기 때문에, 중독 치료 방법은 이식 수술밖에 없을 때가 많다.

가장 알아보기 쉬운 독버섯은 아마도 파리광대버섯일 것이다. 흰 점이 뿌려진 이 빨간색 버섯에는 무스카린이라는 화합물이 들어 있다. 다만, 다른 종의 일부 버섯들보다는 그 농도가 낮아서 버섯 무게의 0.0003%에 불과한 것으로 추정된다. 무스카린은 처음에는 파리광대버섯의 주요 독소로 생각되었으나, 나중에 무시몰이 그보다 더 직접적인 독소라는 사실이 밝혀졌다. 무시몰은 역시 흔한 독버섯인 마귀광대버섯에도 들어 있다. 공식적으로는 파리광대버섯과 마귀광대버섯을 먹고 죽은 사람은 아직 없지만, 이 버섯들을 먹으면 어지럼증과 위염, 환각이 나타날 수 있다.

불행하게도 어떤 버섯이 독이 있는지 없는지 구별할 수 있는 명확한 단서가 없다. 아주 치명적인 버섯들 중 일부는 맛이 아주 좋고 아무 해가 없는 것처럼 보인다.

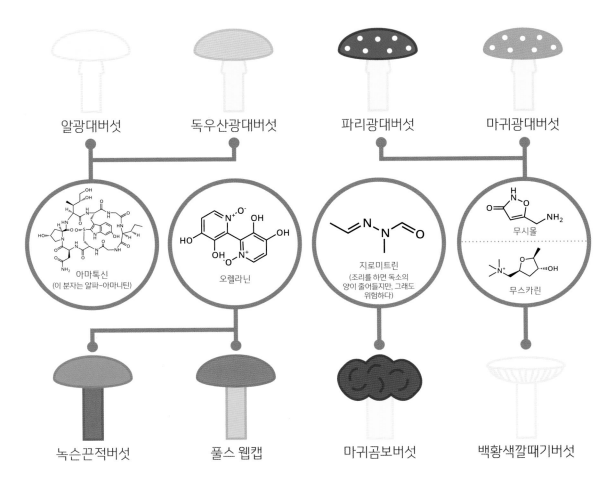

알광대버섯

독우산광대버섯

파리광대버섯

마귀광대버섯

아마톡신
(이 분자는 알파–아마니틴)

오렐라닌

지로미트린
(조리를 하면 독소의
양이 줄어들지만, 그래도
위험하다)

무시몰

무스카린

녹슨끈적버섯

풀스 웹캡

마귀곰보버섯

백황색깔때기버섯

69

아미그달린
약 3.0mg/g

H−C≡N

사이안화수소

몸속에서 아미그달린이
대사되어 생기는
치명적인 독가스

씨에 다양한 양의 아미그달린이 들어 있는 과일들

살구
약 14.4mg/g

블랙체리
약 2.7mg/g

레드체리
약 3.9mg/g

천도복숭아
약 0.1mg/g

자두
약 2.2mg/g

복숭아
약 6.8mg/g

배
약 1.3mg/g

그린게이지
약 17.5mg/g

여기에 소개한 수치는 과일 씨에
포함된 평균 아미그달린 함량을
추정한 값이다.

아미그달린 반수 치사량

675~3,750mg

신체적으로나 의학적으로 아무
문제가 없는 평균 체중(75kg)인 사람을
기준으로 한 아미그달린의 치사량

사과 씨에는 정말로 청산가리가 들어 있을까?

사과 씨에는 청산가리라고 부르는 독이 들어 있으니, 그걸 먹었다간 자기도 모르게 중독될 수 있다는 이야기가 널리 퍼져 있다. 지금은 다소 지나친 호들갑처럼 들리지만, 완전히 틀린 말은 아니다.
(그리고 정확하게는 청산가리가 아니라 사이안화물, 즉 청산염이 들어 있다. 물론 청산가리도 사이안화물의 한 종류이긴 하다. -옮긴이)

우선 여러분이 중독될 만큼 사과 씨를 충분히 먹을 가능성은 거의 없으니, 어쩌다가 사과 씨를 몇 개 삼켰다 하더라도 염려할 이유가 전혀 없다. 실제로 사과 씨에는 아미그달린이라는 화합물이 들어 있는데, 이것은 사이안화물과 당이 기본 성분인 분자이다.
씨가 온전할 때에는 독성이 없지만, 씹거나 하여 손상이 생기면 사람이나 동물의 효소가 아미그달린과 접촉해 아미그달린 분자에서 당이 떨어져 나간다. 그러면 나머지 분자가 분해되어 사이안화수소라는 독가스가 된다. 하지만 씨에 손상이 생길 경우에만 이런 일이 일어난다. 그렇지 않다면, 아무 일도 일어나지 않는다.

사람의 경우, 사이안화물의 독성은 체중 1kg당 0.5~3.5mg만 섭취해도 나타난다. 사이안화물 중독의 증상으로는 위경련, 두통, 메스꺼움, 구토 등이 나타나고, 심하면 심장 정지, 호흡 기능 상실,

혼수, 사망에까지 이를 수 있다. 체중 1kg당 적게는 1.5mg만 섭취해도 치사량이 될 수 있다. 제2차 세계 대전 때 나치가 강제 수용소에서 독가스로 사용한 치클론 B도 바로 사이안화수소였다.

최근의 연구에서 사과 씨에 든 아미그달린 함량은 사과 씨 1g당 약 3mg으로 밝혀졌다(씨 하나의 무게는 대략 0.7g). 이것이 전부 다 사이안화수소로 바뀌는 건 아니기 때문에(일부는 분자에서 떨어져나가는 당에 포함돼 있다), 중독이 되려면 사과 씨를 아주 많이 먹어야 하는데, 실제로 사과 씨를 먹고 중독된 사례는 전혀 없는 것으로 보인다.

사이안화물을 내놓는 화합물은 사과 씨에만 들어 있는 게 아니다. 체리, 복숭아, 자두, 배를 비롯해 많은 과일의 씨에도 들어 있다. 매우 큰 살구 씨에는 1g당 아미그달린이 최대 15mg까지 들어 있으며, 실제로 살구 씨를 먹고 중독되어 입원한 사례가 기록돼 있다. 1998년에 발표된 한 연구 논문은 41세 여성이 살구 씨 30여 개를 먹고 나서 사이안화물 중독 증상으로 입원한 사례를 보고했다. 그 여성은 살구 씨를 건강 식품으로 알고 먹었는데, 자제력을 잃고 너무 많이 먹었던 것으로 보인다. 해독제 치료를 받지 않았더라면, 이 여성은 목숨을 잃었을 수도 있다. 다행히도 이 여성은 건강을 완전히 회복했다.

패류 중독의 원인은 무엇일까?

좋지 않은 굴이나 홍합을 먹으면 아주 불편한 부작용을 겪게 된다는 것은 상식이다. 하지만 패류 중독이 한 종류가 아니라 네 종류가 있다는 사실은 잘 알려져 있지 않다. 그것들은 설사성 패류 중독, 신경성 패류 중독, 기억상실성 패류 중독, 마비성 패류 중독이다. 각각의 패류 중독은 서로 다른 화합물 때문에 일어나며, 증상도 서로 다르다.

패류는 여과 섭식자이다. 즉, 물을 껍데기 안으로 빨아들여 음식 입자를 걸러서 섭취한다. 굴은 시간당 약 5L의 물을 여과하는 것으로 추정된다. 굴은 특히 단세포 생물인 와편모충류와 해양 플랑크톤을 먹고산다. 바닷물 속에서 이 생물들의 농도가 아주 높아지면, '적조' 현상이 일어난다. 적조는 해양 생물에게 아주 해로우며, 결국 패류 중독을 낳게 되는데, 패류가 이들을 섭취하면서 독소가 몸속에 높은 농도로 축적되기 때문이다.

네 가지 중독 중에서 가장 가벼운 것은 설사성 패류 중독이다. 이 이름은 설사 증상 때문에 붙었는데, 그 밖에 메스꺼움, 위경련, 구토 증상도 흔히 나타난다. 설사성 패류 중독의 원인 물질인 오카다산은 한 종의 특정 와편모충류가 만든다. 오카다산은 적게는 48μg(0.000048g)만으로도 중독 증상이 나타나며 사흘 동안 계속될 수 있다. 오카다산은 조리를 해도 분해되지 않는다. 오카다산은 세포들에 물이 잘 스며들게 하기 때문에 그 효과가 나타나는데, 그 결과로 창자의 물 균형이 무너져 설사를 하게 된다. 비록 불편하긴 하지만, 설사성 패류 중독으로 사망한 사례는 보고된 바가 없다.

여러분은 신경성 패류 중독에서도 살아남을 가능성이 높다. 다만, 이 증상으로 입원한 사례들은 있다. 신경성 패류 중독의 증상은 10여 종 이상으로 이루어진 화합물 집단인 브레브톡신brevetoxin 때문에 나타난다. 그 증상으로는 메스꺼움, 구토, 불분명한 발음, 입과 입술과 혀가 따끔거리는 느낌 등이 있고, 드물게는 일시적인 부분 마비가 일어나기도 한다. 이 화합물 역시 열에 분해되지 않기 때문에, 조리를 하더라도 신경성 패류 중독에 걸릴 위험은 그대로 남아 있다.

세 번째 종류의 패류 중독인 기억상실성 패류 중독은 규조류가 만드는 독소인 도모산이 원인이다. 메스꺼움, 구토, 설사 등과 함께 신경학적 증상으로 두통, 단기 기억 상실이 나타나며, 심하면 뇌졸중, 심장 부정맥, 사망에까지 이를 수 있다. 도모산 역시 열에 안정하며, 알려진 해독제가 없다.

생명에 가장 위협적인 것은 마지막 종류인 마비성 패류 중독이다. 바닷물 속의 와편모충류와 남세균이 만드는 삭시톡신이 주요 원인이다. 삭시톡신은 신경세포에서 나오는 신호 전달을 방해하여 마비를 일으킬 수 있다. 일반적인 증상으로 메스꺼움, 구토, 설사가 나타나면서 근육 조직이 천천히 마비되어 심장 정지와 호흡 기능 상실에 이를 수 있다.

패류 중독의 잠재적 위험성 때문에 적조가 생긴 지역에서는 한동안 패류 채취를 금지하기도 한다. 독소를 포함한 패류는 겉모습과 맛으로는 정상 패류와 구별할 수 없기 때문에, 식사를 하고 나서 패류 중독 증상이 나타난다면, 즉각 병원으로 달려가는 게 좋다.

설사성 패류 중독

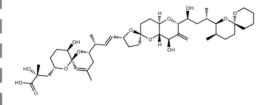

오카다산

설사, 메스꺼움, 구토, 위경련

신경성 패류 중독

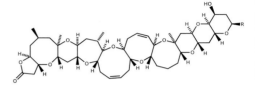

브레브톡신

메스꺼움, 구토, 불분명한 발음,
따끔거리는 느낌, 부분 마비(드물게)

기억상실성 패류 중독

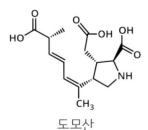

도모산

메스꺼움, 구토, 설사, 두통,
단기 기억 상실, 뇌졸중(드물게)

마비성 패류 중독

삭시톡신

메스꺼움, 구토, 설사, 마비,
심장 정지, 호흡 기능 상실

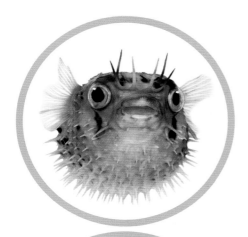

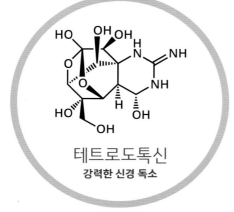

테트로도톡신
강력한 신경 독소

테트로도톡신은 인체에 어떻게 영향을 미치는가?

 몸과 뇌 사이의 정상적인
신호 전달을 방해한다.

 수의근을 마비시키는
결과를 낳는다.

 가로막과 늑간근을 마비시켜
호흡을 멈추게 한다.

 심장 박동이 제대로 조절되지 않아
분당 100번까지 뛸 수 있다.

테트로도톡신의 반수 치사량
체중 1kg당 0.33mg

위험한 수준의 테트로도톡신이
복어의 간, 피부, 생식샘에 들어 있다.

복어를 먹는 것은 왜 위험할까?

복어는 서양에서는 보편적인 음식이 아니지만, 일본에서는 아주 유명한 음식이다. 목숨을 걸고 먹는다는 데에서 복어 요리의 매력을 느끼는 사람이 많은데, 복어에는 극소량만으로도 치명적인 테트로도톡신이라는 독소가 들어 있기 때문이다.

테트로도톡신은 실제로는 복어 몸속에 사는 세균이 만들어낸다. 이 독소는 복어뿐만 아니라 파란고리문어와 다른 종의 물고기에서도 발견되지만, 이 중에서 사람들이 가장 많이 먹는 종이 복어이다. 복어는 일본에서 수천 년 전부터 먹어왔지만, 요리를 준비하는 과정이 아주 중요하다. 특히 간과 생식샘, 피부에는 테트로도톡신이 많이 들어 있어 준비 과정에서 잘 제거해야 한다. 조리를 하더라도 독성이 사라지지 않는데, 테트로도톡신은 열에 안정하여 분해되지 않기 때문이다.

복어는 자신의 독에 아무런 영향을 받지 않지만, 사람은 그 독에 노출되면 아주 위험하다. 테트로도톡신은 사이안화물보다 독성이 약 1200배나 강한 것으로 평가되며, 체중 75kg인 사람의 경우 반수 치사량은 약 25mg이다. 섭취했을 경우, 독소의 작용은 금방 나타난다. 테트로도톡신은 뇌와 나머지 몸 사이의 메시지 전달에 중요한 나트륨 통로를 차단한다. 그 결과로 근육 마비가 일어나는데, 마비가 악화되는 동안에도 피해자는 의식이 온전한 상태로 남아 있지만, 결국 호흡에 관여하는 근육이 마비되어 질식사하고 만다.

알려진 해독제는 없다. 일본에서는 복어 요리를 만들어 손님에게 제공하려면 복어 조리 자격증이 있어야 하는데, 독이 있는 부분을 확실히 제거하는 기술을 익혀야 하기 때문이다. 자격증을 따려면 3년간의 수련 과정을 거쳐야 하며, 응시자 중 겨우 35%만이 최종 시험을 통과해 자격증을 딴다. 지금도 매년 복어 독에 중독되는 사고가 몇 건씩 일어나는데, 자격증이 없는 사람들이 직접 복어 요리를 만들어 먹다가 비극적인 죽음을 맞는 경우가 대부분이다.

최근에 과학자들은 독소가 들어 있지 않아 세심한 사전 처리 과정이 필요 없는 복어 품종을 개발하는 데 성공했다. 하지만 많은 복어 요리사는 여전히 독소를 품고 있는 복어를 사용하겠다고 말한다. 이들은 복어 요리의 매력은 목숨을 걸고 먹는다는 데 있다고 생각한다.

초콜릿은 왜 개에게 독이 될까?

테오브로민은 초콜릿에 들어 있는 자극제이다. 이것은 카페인과 같은 화합물 집단에 속하며, 화학 구조도 카페인과 비슷하다. 인체에 작용하는 방식도 카페인과 비슷해 뇌의 특정 수용체들을 차단해 졸음을 줄여준다. 모든 종류의 초콜릿에는 테오브로민이 들어 있지만, 다크초콜릿에 가장 많이 들어 있고, 화이트 초콜릿에는 극소량만 들어 있다.

초콜릿에 독성을 나타내는 용의자는 바로 테오브로민이다. 사람의 반수 치사량은 알려지지 않았는데, 테오브로민 중독으로 죽을 만큼 초콜릿을 많이 먹은 사람은 지금까지 아무도 없기 때문이다. 그래서 추정치는 연구자에 따라 편차가 크지만, 테오브로민 중독이 나타나려면 밀크초콜릿을 적어도 5kg은 먹어야 할 것으로 보인다.

이것을 개의 반수 치사량과 비교해 보면, 초콜릿이 왜 개에게 더 독이 되는지 쉽게 알 수 있다. 개의 반수 치사량은 체중 1kg당 300mg이다. 체중 10kg 정도인 비교적 작은 개라면, 테오브로민을 3g만 섭취해도 이 양에 이르는데, 밀크초콜릿으로 환산하면 약 2kg이다. 이 양은 여전히 상당히 많지만, 다크초콜릿의 테오브로민 함량은 100g당 최대 600mg에 이르므로, 치사량은 다크초콜릿의 경우 약 500g으로 줄어든다. 물론 개는 그전에 구토와 설사를 포함해 테오브로민 중독 증상이 나타날 것이다.

여러분은 테오브로민 중독 효과가 왜 사람보다 개에게 그토록 크게 나타나는지 궁금할 것이다. 그 이유는 개의 몸속에서는 사람보다 테오브로민이 더 느리게 분해되기 때문이다. 그 결과로 독성을 나타내는 데 필요한 양이 금방 축적될 수 있다. 사실, 고양이가 개보다 테오브로민에 대한 내성이 더 낮지만, 고양이는 단맛을 느끼는 능력이 없어서 주위에 초콜릿이 널려 있더라도 잘 먹으려고 하지 않는다.

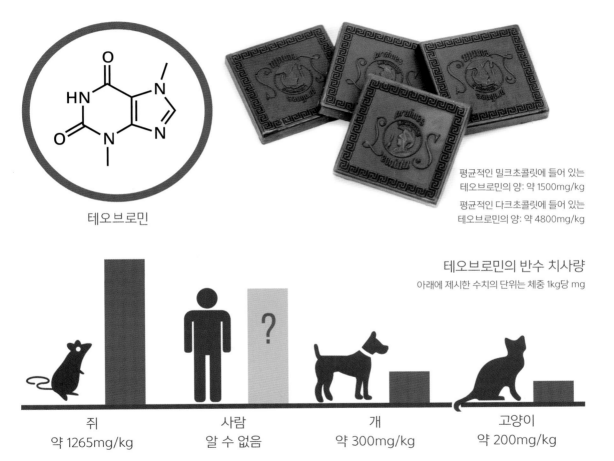

테오브로민

평균적인 밀크초콜릿에 들어 있는
테오브로민의 양: 약 1500mg/kg

평균적인 다크초콜릿에 들어 있는
테오브로민의 양: 약 4800mg/kg

테오브로민의 반수 치사량
아래에 제시한 수치의 단위는 체중 1kg당 mg

쥐
약 1265mg/kg

사람
알 수 없음

개
약 300mg/kg

고양이
약 200mg/kg

술을 섞어 마시면 숙취가 심해질까?

내

모두가 알다시피, 밤늦게까지 술을 마시는 건 즐겁지만, 거기에는 반드시 값비싼 대가가 따른다. 술을 너무 많이 마시면, 머리가 깨질 듯한 두통과 무기력, 메스꺼움, 심지어는 변기 가까이에 머물러야 하는 부작용이 따른다. 그런데 어떤 숙취는 다른 숙취보다 유달리 심할 때가 있는데, 특히 여러 종류의 술을 섞어서 마셨을 경우에 그렇다. 술을 섞어 마시지 말라는 이야기는 종종 듣지만, 그러면 숙취가 더 심해진다는 주장은 근거가 있을까?

첫째, 술을 마신 뒤에 우리 몸에서 실제로 어떤 일이 일어나는지 살펴봐야 한다. 이 과정은 술의 종류와 상관없이 동일한 방식으로 일어난다. 술에 들어 있는 알코올은 모두 동일한 화합물인 에탄올이기 때문이다. 섭취한 에탄올 중 많게는 8%까지 숨이나 땀, 소변을 통해 몸 밖으로 빠져나간다. 술을 많이 마시고 나면, 몸에서 술 냄새가 진동하는 이유는 이 때문이다. 나머지 알코올은 몸속에서 분해되어 다른 산물로 변하는데, 숙취 증상은 바로 이 때문에 나타난다.

대부분의 에탄올은 간에서 분해되어 아세트알데하이드로 변한다. 아세트알데하이드는 다시 아세트산으로 분해되고, 아세트산은 아세틸 조효소 A라는 화합물로 변한다.

아세트알데하이드는 숙취의 주요 원인이다. 간은 적은 양의 아세트알데하이드는 충분히 처리할 능력이 있지만, 간에 저장된 글루타티온(아세트알데하이드를 분해하는 데 꼭 필요한 물질)의 양이 제한돼 있다. 알코올을 많이 섭취하면 이 비축량이 바닥나기 때문에, 추가로

아세트알데하이드를 분해하려면 글루타티온이 더 만들어질 때까지 기다려야 한다. 그동안 술을 계속 마신다면, 대사가 되길 기다리는 아세트알데하이드가 더 많이 쌓인다. 아세트알데하이드는 독성 물질이어서 많이 축적되면, 두통과 메스꺼움, 구토, 빛과 소리에 민감해지는 증상 등이 나타나는데, 기묘하게도 숙취 증상과 아주 비슷하다.

술의 종류에 따라 동류물 함량이 다른데, 이것이 숙취에 영향을 미칠 수 있다. 여기서 동류물은 에탄올을 만드는 발효 과정에서 생기는 다른 화합물들을 말한다. 동류물에는 메탄올 같은 다른 종류의 알코올도 있고, 그 밖에 다양한 유기 화합물이 있다. 위스키와 와인, 테킬라, 브랜디는 보드카와 진처럼 순수한 에탄올 성분의 술보다 동류물 함량이 높은데, 이 때문에 숙취 증상을 악화시킨다는 주장이 있다. 2009년에 동류물 함량이 숙취에 미치는 효과를 조사한 한 연구에서는 버번위스키를 마신 피험자들이 동류물 함량이 낮은 보드카를 마신 피험자들보다 숙취를 더 심하게 경험했다는 결과가 나왔다.

그렇다면 술을 섞어 마시면, 숙취가 더 심해질까? 놀랍게도 우리는 아직 숙취가 일어나는 과정의 전체 그림을 잘 모르지만, 숙취의 주요 원인은 단순히 전날 밤에 마신 알코올의 양이라는 것은 명백해 보인다. 술을 섞어 마시는 것 자체는 숙취의 정도에 어떤 영향을 미치는 것처럼 보이지 않으므로, 이 이야기는 일단 도시 괴담으로 치부하기로 하자.

맥주　보드카　진　화이트 와인　위스키　럼　레드 와인　테킬라　브랜디

동류물 함량(오른쪽으로 갈수록 증가)

체내에서 일어나는 알코올 대사 효소들이 에탄올을 시간당 약 10g씩 대사한다.

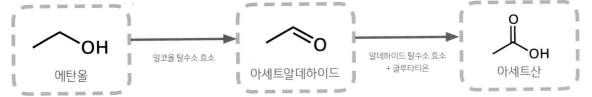

에탄올　　알코올 탈수소 효소　　아세트알데하이드　　알데하이드 탈수소 효소 + 글루타티온　　아세트산

숙취 증상

피로　　　　두통　　　　빛에 대한 민감성　　　갈증　　　　메스꺼움

그 밖의 증상으로는 근육통, 떨림, 그리고 가끔은 구토와 설사가 있다.

79

감각

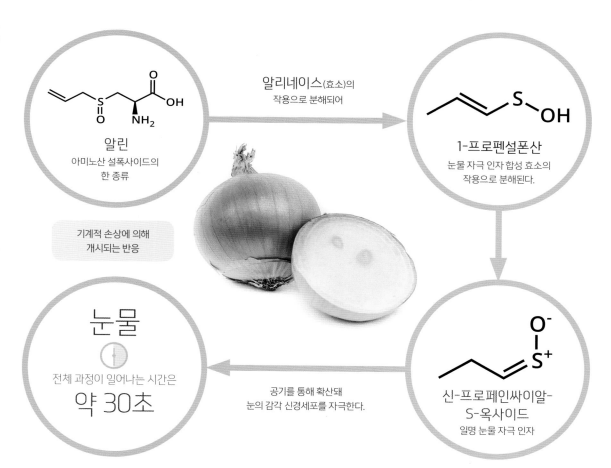

알리네이스(효소)의
작용으로 분해되어

알린
아미노산 설폭사이드의
한 종류

1-프로펜설폰산
눈물 자극 인자 합성 효소의
작용으로 분해된다.

기계적 손상에 의해
개시되는 반응

눈물

전체 과정이 일어나는 시간은
약 30초

공기를 통해 확산돼
눈의 감각 신경세포를 자극한다.

**신-프로페인싸이알-
S-옥사이드**
일명 눈물 자극 인자

양파를 썰면 왜 눈물이 날까?

양파를 썰다가 눈물을 흘려본 사람이 많을 것이다. 그런데 흥미롭게도 썰지 않은 양파에는 이 효과를 나타내는 화합물이 들어 있지 않다. 그렇다면 그것은 대체 어디서 온 것일까?

양파는 많은 화합물로 이루어져 있는데, 그중에 아미노산 설폭사이드도 있다. 양파를 썰면, 양파 세포에 생긴 기계적 손상 때문에 양파 세포에서 알리네이스라는 효소 집단이 방출된다. 이 효소들은 아미노산 설폭사이드를 분해해 설폰산이라는 또 다른 종류의 화합물 집단을 만든다.

이 과정을 통해 만들어지는 특별한 종류의 설폰산은 1-프로펜설폰산이다. 이 화합물은 눈물 자극 인자 합성 효소의 작용으로 금방 신-프로페인싸이알-S-옥사이드syn-propanethial-S-oxide라는 화합물로 변한다. 눈물을 쏟게 하는 양파의 능력은 바로 이 화합물에서 나온다. 이 기체 화합물의 생성은 양파에 기계적 손상이 일어난 지 약 30초 뒤에 절정에 이른다.

신-프로페인싸이알-S-옥사이드가 눈물을 유발하는 이유는 공기 중에서 확산돼 눈으로 들어가면 감각 신경세포를 자극함으로써 눈을 따끔거리게 하기 때문이다. 이때 눈물이 나오는 반응은 눈이 이 자극 물질을 씻어내기 위해 눈물샘에서 눈물을 만들기 때문에 일어난다.

양파의 이 효과를 방지하는 아이디어가 여러 가지 나왔다. 개인적으로는 콘택트렌즈를 끼었을 때 이 효과를 크게 줄일 수 있었다. 콘택트렌즈가 눈에서 신경 말단이 가장 밀집해 있는 곳인 각막 앞에 있으므로 눈물 유발 물질이 각막에 접촉하는 것을 막기 때문이다. 하지만 콘택트렌즈를 사용하지 않는 사람은 이 방법을 쓸 수 없다. 그렇다면 어떤 방법이 좋을까?

양파를 썰 때 고글을 쓰는 방법(편안한 집 안에서 약간 우스꽝스럽게 보인다는 사실에 개의치 않는다면 꽤 좋은 방법)을 제외한다면, 양파를 썰기 전에 냉장고나 냉동실 안에 15분쯤 넣어두는 방법이 있다. 이것은 다소 기이한 방법처럼 보일 수 있지만, 과학적 근거가 있다. 낮은 온도에서는 신-프로페인싸이알-S-옥사이드를 생성하는 반응이 느리게 일어나기 때문인데, 양파가 미처 복수를 하기 전에 재빨리 썰어서 프라이팬에 집어넣으면 된다.

고추의 매운맛은 어디에서 나올까?

고추는 품종이 아주 다양하다. 몇 가지만 들면, 유령고추, 청양고추, 아바네로고추, 할라페뇨고추, 세라노고추 등이 있다. 각각의 품종이 지닌 매운맛은 서로 다른 함량으로 들어 있는 특정 화합물들에서 나온다.

고추에 매운맛을 내는 원인 물질은 캡사이시노이드capsaicinoid라는 화합물 집단이다. 이 화합물 집단 중 고추에 포함된 특정 화합물의 종류는 고추의 품종에 따라 제각각 다르지만, 압도적으로 많이 포함된 화합물은 캡사이신capcaicin이다. 비교적 높은 함량으로 들어 있는 또 하나의 유사 화합물은 다이하이드로캡사이신이다. 이 두 화합물의 비율은 고추의 종류에 따라 다른데, 어쨌든 캡사이시노이드 집단에 속한 전체 화합물 중 이 두 화합물이 80~90%를 차지한다.

고추를 먹으면, 고추 속의 캡사이시노이드가 입속의 점막 수용기에 들러붙는다. 이 수용기는 열 그리고 물리적 마모와 연관이 있기 때문에, 캡사이시노이드는 화끈거리는 느낌을 유발한다. 그럼에도 불구하고, 캡사이시노이드는 물리적 손상이나 조직 손상은 전혀 초래하지 않는다. 만약 캡사이시노이드를 반복적으로 섭취하면, 이것이 들러붙는 수용기들이 대폭 감소하면서 그 사람은 매운맛에 내성이 생기게 된다. 이 통증은 실제로는 체내에서 천연 진통제 역할을 하는 엔도르핀의 분비를 촉진하는데, 그 결과로 쾌감을 느낄 수 있다.

그 유명한 유령고추까지 포함해 몸에 해를 끼칠 만큼 캡사이신 함량이 높은 고추는 없지만, 그래도 캡사이신은 독성 물질이다. 캡사이신은 고추에 들어 있을 뿐만 아니라, 최루 분사액에도 낮은 농도로 들어 있다. 캡사이신은 염증 효과로 눈을 감기게 만들어 상대를 무력화시킨다.

고추의 매운맛을 측정하는 방법은 두 가지가 있다. 스코빌 지수라고 부르는 첫 번째 방법은 일정량의 말린 고추 추출물을 설탕물에 희석하면서 더 이상 매운맛을 느끼지 못할 때까지 다섯 명의 판정단에게 맛을 보게 하는 테스트이다. 당연히 이것은 정확한 방법이라고 할 수 없다(이 방법은 1912년에 고안된 것이다).

좀더 정확한 방법은 고성능 액체 크로마토그래피(HPLC)를 사용하는 것이다. 이 분석법은 표본 용매를 높은 압력으로 밀어 관 속을 지나가게 함으로써 혼합물을 성분별로 분리해 캡사이시노이드의 함량을 알아낸다.

마지막으로, 자주 제기되는 질문을 살펴보기로 하자. 매운맛을 가라앉히려면 어떤 방법이 가장 좋을까? 캡사이신 분자는 기다란 탄화수소 '꼬리' 때문에 물에 녹지 않지만, 알코올과 기름에는 잘 녹는다. 그렇긴 하지만, 맥주는 알코올 함량이 너무 낮아서 별로 효과가 없다. 고추를 많이 먹고서 입속이 화끈거리는 느낌을 진정하는 최선의 방법은 우유를 마시는 것이다. 우유에는 카세인이라는 단백질이 들어 있는데, 카세인은 친유성이고 캡사이신 분자를 에워싸 잘 씻어내므로, 캡사이신이 점막의 수용기를 더 이상 자극하지 않도록 막아준다.

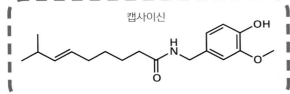

캡사이신

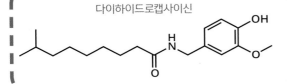

다이하이드로캡사이신

스코빌 지수

스코빌 지수(SHU)는 우리가 느끼는 맛을 바탕으로 고추의 매운맛을 측정하는 척도이다.
판정단 중 다수가 매운맛을 느끼지 못할 때까지 농도를 계속 희석시키며 시험하는 방법을 사용한다.

할라페뇨고추	청양고추	아바네로고추	유령고추	최루 분사액	순수한 캡사이신
8,000	50,000	350,000	1,400,000	5,300,000	16,000,000

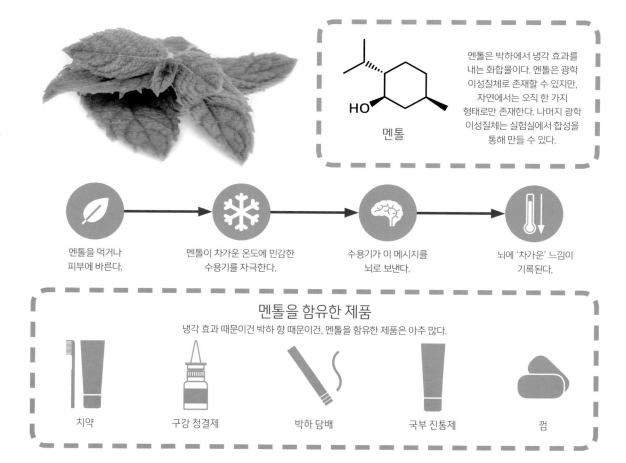

멘톨은 박하에서 냉각 효과를 내는 화합물이다. 멘톨은 광학 이성질체로 존재할 수 있지만, 자연에서는 오직 한 가지 형태로만 존재한다. 나머지 광학 이성질체는 실험실에서 합성을 통해 만들 수 있다.

멘톨

멘톨을 먹거나 피부에 바른다.

멘톨이 차가운 온도에 민감한 수용기를 자극한다.

수용기가 이 메시지를 뇌로 보낸다.

뇌에 '차가운' 느낌이 기록된다.

멘톨을 함유한 제품
냉각 효과 때문이건 박하 향 때문이건, 멘톨을 함유한 제품은 아주 많다.

치약

구강 청결제

박하 담배

국부 진통제

껌

박하를 먹으면 왜 싸한 느낌이 들까?

박하 또는 껌과 치약처럼 박하 향이 들어간 제품의 공통점은 입속에서 싸한 느낌이 난다는 것이다. 이것은 그저 마음속에서 일어나는 현상이 아니라, 박하에 포함한 한 화합물 때문에 실제로 일어나는 현상이다. 이 화합물의 이름은 여러분에게도 익숙한 멘톨(menthol, 박하뇌)이다.

앞에서 고추에서 매운맛을 내는 주요 화합물인 캡사이신 이야기를 할 때, 그것이 평소에 열을 감지하는 입 점막의 수용기에 들러붙음으로써 그런 효과를 낸다고 했다. 멘톨도 비슷한 방식으로 작용하는데, 멘톨은 입속에서 차가운 온도를 감지하는 수용기들에 들러붙는다. 멘톨이 실제로 온도를 낮추는 것은 아니다. 신경세포들을 속여 입속이 실제보다 더 차갑다고 느끼게 할 뿐인데, 신경세포들은 이 메시지를 그대로 뇌에 전달한다.

그런데 멘톨이 우리 몸에 미치는 효과는 이렇게 청량감을 주는 것뿐만이 아니다. 멘톨은 진통 효과도 있는 것으로 밝혀졌는데, 이 때문에 멘톨은 근육통과 통증, 두통을 완화시키는 다양한 국소 크림과 젤, 패치에 사용된다. 멘톨은 아주 광범위한 제품에 사용되기 때문에, 아마 여러분도 평소에 멘톨을 사용하고 있을 가능성이 높다. 멘톨이 함유된 그 밖의 제품으로는 애프터셰이브 로션이나 충혈 완화제, 구강 청결제 등이 있다.

이처럼 용도가 많다 보니, 자연에서 얻을 수 있는 멘톨의 양으로는 당연히 수요를 충족하기 어렵다. 멘톨 수요는 연간 약 3만 5000톤에 이른다. 이 때문에 멘톨은 이제 인공적으로 합성되는데, 그 양은 1973년 이래 점점 증가하고 있다.

앞에서 광학 이성질체를 다룬 적이 있는데, 멘톨의 광학 이성질체도 언급할 가치가 있다. 자연에서 멘톨은 오직 한 가지 광학 이성질체로만 존재하는데(멘톨은 같은 분자의 두 가지 거울상 형태로 존재할 수 있지만, 자연에서는 이 중 한 가지 형태로만 존재한다), 이것은 냉각 효과가 있다. 실험실에서 합성된 다른 종류의 이성질체는 흥미롭게도 냉각 효과가 없는데, 두 광학 이성질체 사이의 사소한 구조적 차이 때문에 차가운 온도를 감지하는 수용기를 활성화하는 효과가 떨어지는 것으로 보인다.

파핑 캔디의 원리는 무엇일까?

아마 여러분도 파핑 캔디를 먹어본 적이 있을 것이다. 파핑 캔디는 여러 가지 색의 작은 꾸러미로 판매하기도 하고, 초콜릿에 넣기도 한다. 파핑 캔디를 먹으면, 입속에서 시끄럽게 팍팍 터지는 소리가 난다. 이런 효과의 비밀은 제조 과정에 있다.

파핑 캔디의 제조는 녹은 상태의 설탕과 향료 혼합물을 가지고 시작한다. 이 혼합물을 식게 내버려두면 딱딱한 캔디가 되지만, 팍 터지는 성질은 생기지 않는다. 따라서 이 효과는 원래 성분에서 나오는 것이 아니다. 이 효과에 필요한 것은 다른 과정 때문에 많이 생겨나는 기체인데, 그 기체는 바로 이산화탄소이다.

녹아 있는 설탕 혼합물을 고압의 이산화탄소 속에서 식게 한다. 여기서 고압은 우리가 지표면에서 느끼는 정상 대기압의 약 50배를 말한다. 이렇게 높은 압력 때문에 정상 대기압에서보다 훨씬 많은 양의 이산화탄소가 설탕에 녹아들게 된다.

마침내 고압을 없애면, 설탕 속에 갇히게 된 이산화탄소는 당연히 밖으로 탈출할 기회를 호시탐탐 노린다. 일부 큰 이산화탄소 거품은 그럴 수 있는데, 그런 일이 일어나면 굳어가던 설탕 덩어리에 균열이 생기면서 더 작은 조각들로 쪼개진다. 하지만 작은 이산화탄소 거품들은 굳어가는 설탕 덩어리에 갇혀 탈출할 수 없게 된다. 그 결과로 캔디 1g당 최대 15cm³의 이산화탄소가 그 속에 갇히게 된다. 균열은 무작위적으로 일어나기 때문에 각각의 조각에 녹아 있는 기체의 양에는 큰 편차가 있다. 이산화탄소 거품의 최대 크기는 약 350nm, 즉 0.00000035m이다.

파핑 캔디를 먹을 때 여러분은 바로 이런 상황에 놓이게 된다. 파핑 캔디는 침에 녹으면서 고압으로 압축돼 들어 있던 이산화탄소 거품을 내놓는다. 이것은 파핑 캔디 특유의 팍 터지는 소리와 함께 일어난다. 방출된 이산화탄소 기체는 전혀 위험하지 않다. 사실, 파핑 캔디에서 나오는 이산화탄소는 탄산음료에 녹아 있는 이산화탄소의 양보다도 적다.

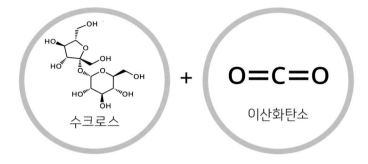

수크로스 + 이산화탄소

제조 과정

1

파핑 캔디의 성분을 섞고 고온에서 녹여 시럽으로 만든다.

2

시럽을 고압(대기압의 약 50배)의 이산화탄소 기체에 노출시킨다.

3

시럽을 냉각시킨다. 큰 거품들은 식어가는 캔디를 쪼개지만, 작은 거품들은 그 속에 갇힌다.

4

우리가 파핑 캔디를 먹으면, 침이 캔디를 녹여 거품에 갇혀 있던 이산화탄소가 나오면서 팍 터지는 소리가 난다.

파핑 캔디의 다양한 색과 맛은 식용 색소 같은 다양한 화합물을 첨가하여 얻는다.

고추냉이의 얼얼한 맛은 어디서 나올까?

초밥을 좋아하는 사람이라면, 고추냉이(와사비)의 얼얼한 맛에 익숙할 것이다. 대개 밝은 초록색 반죽 형태로 제공되는 고추냉이는 고추냉이 식물의 땅속줄기로 만든 것이다. 고추냉이의 강한 맛은 흔히 맵다고 표현하지만, 혀뿐만 아니라 콧속을 자극한다는 점에서 고추의 매운맛과는 차이가 있다.

고추냉이는 고추냉이 식물의 땅속줄기를 갈아서 만드는데, 얼얼한 맛을 유발하는 화합물은 이 식물의 조직이 기계적으로 손상될 때 생긴다. 글루코시놀레이트라는 화합물은 효소의 작용으로 분해된 뒤 반응하여 아이소싸이오사이안산염 화합물을 여러 가지 만든다. 고추냉이의 얼얼한 맛을 내는 주요 화합물은 아이소싸이오사이안산 알릴인데, 이것은 고추냉이 100g당 약 100mg이 들어 있다.

비록 훨씬 적은 양으로 들어 있긴 하지만, 다른 화합물들도 고추냉이의 청량감에 기여한다. 아이소싸이오사이안산 6-메틸싸이오헥실은 청량감에, 아이소싸이오사이안산 7-메틸싸이오헵틸은 단맛에, 아이소싸이오사이안산 8-메틸싸이오옥틸은 약하게 톡 쏘는 맛에 기여한다. 정상적인 서양고추냉이는 특유의 얼얼한 맛이 있고, 싸이오사이안산 알릴은 고추냉이와 서양고추냉이에 모두 들어 있는데, 아이소싸이오사이안산 메틸싸이오알킬은 고추냉이에만 상당량 들어 있다는 사실이 흥미롭다.

효소의 작용으로 글루코시놀레이트가 분해돼 생기는 아이소싸이오사이안산염은 휘발성이 아주 강하다. 즉, 기체로 변해 쉽게 빠져나간다. 고추냉이를 먹을 때 콧속에서 톡 쏘는 맛이 강하게 느껴지는 주요 이유는 바로 이 휘발성 때문일 것이다. 이 화합물은 일부 신경세포의 수용기가 감지하여 뇌로 그 감각을 전달하는데, 그 결과 우리가 고추냉이의 흥미로운 효과를 느끼게 된다.

아이소싸이오사이안산염의 휘발성은 고추냉이를 대개 신선한 것으로 새로 준비해야 하는 이유이기도 하다. 공기에 노출된 상태로 내버려 두면, 이 화합물이 반죽에서 서서히 증발해버리기 때문이다. 이 문제를 해결하려면, 고추냉이를 냉동 건조시키거나 공기로 건조시켰다가 필요할 때 물을 부어 원상으로 되돌리는 방법이 있다.

아이소싸이오사이안산염은 그 성질 때문에 의학적으로 사용되기도 한다. 약한 항염증 물질로 쓸 수 있다는 일부 연구 결과가 있다. 사실, 고추냉이는 꽉 막힌 코를 뚫는 민간요법으로 사용돼 왔는데, 여기에는 과학적 근거가 있는 것으로 보인다. 동물 연구에서도 몇몇 아이소싸이오사이안산염이 유방암, 위암, 잘록창자암을 예방하는 데 효과가 있을지 모른다는 결과가 나왔다. 다만 이 연구에서 확인된 아이소싸이오사이안산염은 고추냉이에 보편적으로 들어 있는 것과 같은 것은 아니다.

글루코시놀레이트
분해되어 아이소싸이오사이안산염
생성

아이소싸이오사이안산염

아이소싸이오사이안산 6-메틸싸이오헥실
청량감

아이소싸이오사이안산 7-메틸싸이오헵틸
단맛

아이소싸이오사이안산 8-메틸싸이오옥틸
약하게 톡 쏘는 맛

아이소싸이오사이안산 알릴
주요 아이소싸이오사이안산염 화합물:
고추냉이의 얼얼한 맛을 내는
주요 화합물

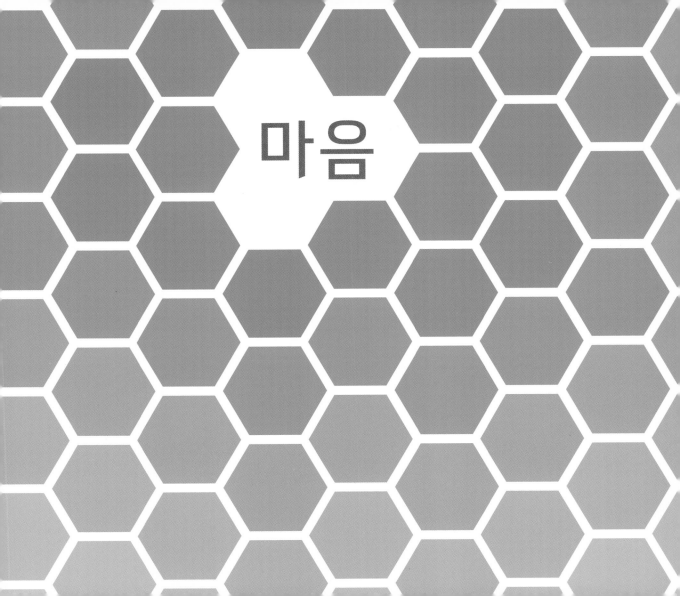

마음

칠면조와 트립토판

트립토판은 우리에게 필수 아미노산이다.
즉, 몸에서 직접 합성되지 않아 음식물에서
섭취해야 하는 아미노산이다.

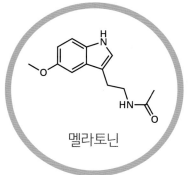

트립토판

세로토닌

멜라토닌

트립토판이 들어 있는 그 밖의 식품

체다 치즈
100g당 0.32g

연어
100g당 0.22g

달걀
100g당 0.17g

우유
100g당 0.08g

칠면조를 먹으면 잠이 올까?

영국의 크리스마스나 미국의 추수감사절에서 중심이 되는 음식은 바로 온 가족이 먹을 수 있을 만큼 커다란 칠면조이다. 어린 시절에는 피했을지 몰라도, 나이가 들수록 칠면조로 배불리 식사를 한 뒤에 쏟아지는 잠을 참기 어려웠던 경험을 한 사람이 많을 것이다. 이 갑작스런 졸음의 원인은 칠면조 고기에 들어 있는 트립토판(고기 100g당 약 0.3g)이라는 화합물 때문이라고 흔히 이야기한다. 과연 이것은 사실일까?

트립토판은 아미노산이다. 알다시피 아미노산은 우리 몸에서 단백질의 기본 구성 요소이다. 트립토판은 우리 몸에서 직접 만들어지지 않는 여러 아미노산 중 하나이기 때문에 음식물을 통해 섭취해야 한다. 트립토판은 육류, 생선, 유제품, 견과, 씨에 많이 들어 있다. 체내에서 트립토판은 세로토닌을 합성하는 데에도 쓰인다. 세로토닌은 뇌에서 여러 가지 임무를 수행하는 신경 전달 물질이다. 세로토닌은 안녕감과 행복감을 높이며 기분에 영향을 미치는데, 낮은 세로토닌 수치는 우울증과 연관이 있다. 세로토닌은 우리의 수면 주기 조절에 중요한 역할을 하는 멜라토닌을 만드는 데에도 필요하다.

세로토닌이 이렇게 진정 효과가 있으니 트립토판을 많이 섭취하면 졸음이 오는 게 당연하지 않느냐고 생각하기 쉽다. 많은 사람들이 이렇게 생각했고, 1980년대에 어떤 사람들은 불면증을 치료하기 위해 트립토판 보조제를 먹기까지 했다. 불행하게도 이 문제는 그렇게 간단한 게 아니다.

트립토판이 세로토닌을 만드는 데 쓰이려면, 혈액에서 뇌로 들어가야만 한다. 그런데 뇌는 아무 물질이나 함부로 들어갈 수 있는 곳이 아니다. 혈액-뇌 장벽이란 것이 있어 꼭 필요한 물질만 드나들게 하고, 신경 독소 물질은 통과하지 못하게 차단한다. 뇌로 들어가려는 아미노산은 혈액-뇌 장벽에서 물질의 전달을 촉진하는 운반 단백질에 실려야 한다. 칠면조에는 트립토판뿐만 아니라 많은 아미노산이 있는데, 이들이 모두 운반 단백질에 실리려고 경쟁을 벌인다. 게다가 트립토판은 다른 아미노산보다 함량이 훨씬 적기 때문에 이 경쟁에서 밀려나기 쉬워 혈액-뇌 장벽을 통과하는 양은 얼마 되지 않는다.

따라서 칠면조는 졸음의 원인이 아니라고 결론 내릴 수 있다. 그보다는 단순히 음식을 많이 먹은 탓일 가능성이 높다. 탄수화물을 많이 섭취하면, 트립토판의 양과 상관없이 뇌에서 세로토닌 수치가 증가한다는 연구 결과가 있다. 또한, 축제일이니만큼 여러분은 술도 한두 잔 했을지 모른다. 칠면조 속에 포함된 트립토판보다는 이런 것들이 졸음의 원인일 가능성이 훨씬 높다!

치즈를 먹으면 정말로 악몽을 꿀까?

치즈에 관해 흔히 하는 충고 중 하나는 잠자기 직전에 먹으면 악몽을, 혹은 적어도 생생한 꿈을 꾸기 쉽다는 것이다. 이 이야기가 너무나도 광범위하게 퍼져 있어, '영국 치즈의 목소리'를 대변한다고 주장하는 영국치즈협회는 이것이 사실이 아님을 입증하는 연구를 수행한 적이 있다. 그래서 이들은 어떤 사실을 발견했을까?

자원자 200명이 참여한 이 연구에서는 피험자들에게 잠자기 약 30분 전에 치즈를 약간 먹게 하고 꾼 꿈을 보고하게 했다. 당연히 이 연구의 타당성에 의문을 제기할 수 있다. 그들은 여러 종류의 치즈를 시험했지만, 치즈를 먹지 않고 잠잔 대조군은 전혀 언급하지 않았다. 그럼에도 불구하고, 이 연구 결과는 흥미로운 측면이 있다.

그들은 블루치즈가 특히 생생한 꿈을 꾸게 한다는 사실을 발견했다. 한 피험자는 자신이 아이를 잡아먹을 수 없다는 사실에 속상해하는 채식주의자 악어 꿈을 꾸었고, 또 다른 피험자는 총이 아니라 새끼 고양이를 들고 전투에 참여한 병사들 꿈을 꾸었다. 체다 치즈는 유명 인사에 관한 꿈을, 레드 레스터 치즈는 향수를 불러일으키는 꿈을, 랭커셔 치즈는 일에 관한 꿈을 꾸게 했고, 체셔 치즈를 먹은 사람은 아무 꿈도 꾸지 않았다.

이 연구 결과를 너무 진지하게 받아들일 필요가 없다는 것은 명백하다. 어쨌든 영국치즈협회는 사람들에게 치즈가 악몽을 유발한다는 생각을 하지 않게 하는 데 이해관계가 약간 걸려 있다. 치즈가 악몽을 유발하거나 꿈의 종류를 바꿀 수 있다는 주장을 뒷받침하는 과학적 데이터는 전혀 없다. 하지만 치즈에 든 화합물들이 여러분이 잠자는 동안 특이한 효과를 유발할 수 있다는 이론은 일부 있다.

치즈에는 아미노산의 한 종류인 타이로신이 높은 함량으로 들어 있다. 파마산 치즈나 하우다 치즈, 그뤼에르 치즈처럼 숙성된 치즈를 좋아하는 사람이라면, 치즈에서 작고 아삭아삭한 결정들을 보았을 것이다. 이 결정들은 실은 타이로신 덩어리인데, 치즈가 숙성함에 따라 치즈 속의 단백질 사슬들이 풀어지면서 생긴 것이다. 체내에서 타이로신은 타이라민으로 변하는데, 타이라민은 신경 전달 물질인 노르에피네프린(노르아드레날린)과 에피네프린(아드레날린)의 분비를 자극한다. 이 물질들이 분비되면, 수면을 방해할 수 있고, 그 결과로 생생한 꿈을 꿀 수 있다. 그렇긴 하지만, 잠자기 직전에 치즈를 조금 먹는다고 해서 이런 효과를 유발할 정도로 타이로신을 충분히 많이 공급하기는 어렵다.

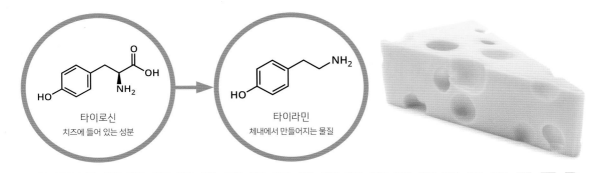

타이로신
치즈에 들어 있는 성분

타이라민
체내에서 만들어지는 물질

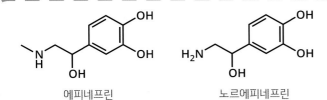

에피네프린

노르에피네프린

타이라민의 효과

타이라민이 신경 전달 물질인 에피네프린과
노르에피네프린 수치를 높인다는 주장이
있는데, 그 결과로 악몽을 꿀 수 있다. 하지만
치즈 속에 든 타이로신 함량이 그런 효과를
낼 정도로 높진 않다.

여러 종류의 치즈에 들어 있는 타이로신의 함량

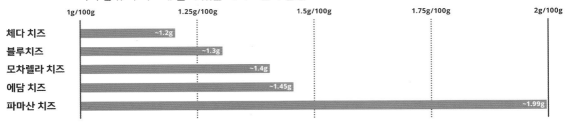

	1g/100g	1.25g/100g	1.5g/100g	1.75g/100g	2g/100g
체다 치즈	~1.2g				
블루치즈		~1.3g			
모차렐라 치즈		~1.4g			
에담 치즈		~1.45g			
파마산 치즈					~1.99g

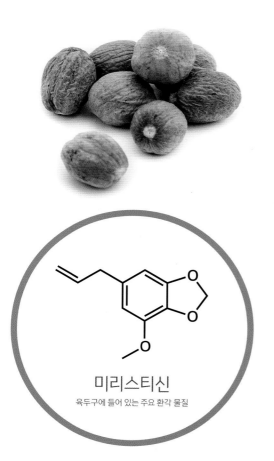

미리스티신

육두구에 들어 있는 주요 환각 물질

한 숟가락

만으로도 불쾌한 증상을 충분히
유발할 수 있다.

증상

메스꺼움

환각

심장 박동 증가

육두구 섭취의 효과는 그 밖에도 구토, 이상 황홀감, 홍조, 입안 건조 등이 있다.

효과 지속 시간은 섭취하고 나서 24~36시간

일화적 증거에 따르면, 육두구 과다 섭취의 후유증은 어떤 경우에는
최대 일주일까지 지속된다고 한다.

육두구에 들어 있는 다른 화합물들도 환각 효과에
기여하는 것으로 보인다.

엘레미신

사프롤

육두구는 어떻게 환각 작용을 일으킬까?

아마도 여러분은 환각제에 대해 이런저런 생각을 하면서도, 자기 집 부엌의 양념 선반 위에 그런 물질이 숨어 있으리라고는 꿈에도 생각지 못했을 것이다. 하지만 육두구의 환각 작용은 오래전부터 알려져 있었다. 16세기와 17세기의 역사 기록에서도 육두구의 마약 효과에 대한 언급을 찾아볼 수 있다. 그렇다면 그 원인이 되는 화합물은 무엇일까?

육두구의 환각 효과에 관여하는 화합물은 여러 가지인데, 가장 중요한 것은 미리스티신으로, 전체 육두구 열매 무게의 약 1.3%를 차지한다. 연구에 따르면, 육두구의 효과는 간에서 미리스티신이 분해되어 생기는 MMDA에서 나오는 것으로 보인다. MMDA는 암페타민 계열의 약 성분으로, 환각 작용을 일으키는 것으로 알려져 있다. 그런데 이러한 변환이 쥐 간에서 일어나는 것이 관찰되긴 했지만, 사람에게서도 동일한 변환이 일어난다는 증거는 없다.

흥미롭게도 순수한 미리스티신 상당량(육두구 20g에 들어 있는 양의 2배)을 피험자 집단에게 투여하자, 10명 중 6명에게 어느 정도 효과가 나타난 반면, 육두구의 효과와 비교했을 때 예상했던 것보다 그 정도가 훨씬 약했다. 이것은 육두구에 들어 있는 다른 화합물들도 '육두구 효과'에 중요한 역할을 한다는 것을 시사한다. 그런 화합물로 의심되는 것은 엘레미신과 사프롤이다.

여러분이 실험적으로 육두구를 맛보기 전에 육두구가 어떤 효과를 유발하는지 미리 알아두는 게 좋다. 체중 1kg당 육두구 1~2mg은 중추 신경계에 효과를 나타내며(미리스티신은 몸에서 위장관과 폐 같은 특정 계에 있는 근육의 불수의 운동에 관여하는 신경 자극을 억제한다), 일화적 기록에 따르면 육두구 한 숟가락만으로도 메스꺼움과 구토, 홍조, 심장 박동 증가, 이상 황홀감, 환각, 입안 건조 등의 효과를 일으키기에 충분하다. 겉으로 보기에는 그다지 즐거운 부작용 같아 보이지 않는다.

실제로도 그렇다. 일부 효과는 전혀 즐겁지 않을뿐더러, 며칠 동안 지속될 수 있으며, 어떤 사람들은 일주일 이상 시력과 균형, 집중력 등에 문제를 겪었다고 보고했다. 모든 것을 고려할 때, 육두구는 선반 위에 고이 모셔두는 게 좋을 것 같다.

차와 커피의 자극 효과는 왜 다를까?

차에도 커피와 마찬가지로 카페인이 들어 있다. 차에 들어 있는 카페인이나 커피에 들어 있는 카페인이나 모두 똑같은 분자이므로, 뇌에 미치는 효과도 정확하게 똑같아야 한다. 하지만 대부분의 사람들은 커피의 자극 효과가 차보다 훨씬 크다는 데 동의할 것이다. 이것은 단지 차의 카페인 함량이 낮아서 그런 것일까? 아니면, 화학적으로 다른 일이 일어나는 게 있을까?

우선, 차의 카페인 함량은 분명히 커피보다 낮다. 물론 그 함량은 커피와 차의 종류에 따라 차이가 있지만, 일반적으로 차 한 잔에 든 카페인의 양은 같은 부피의 커피에 든 것에 비해 약 절반에 불과하다. 카페인은 뇌에서 분비된 아데노신이 들러붙어 피곤함을 유발하던 수용체들을 차단함으로써 효과를 나타낸다. 그렇다면 논리적으로 차의 자극 효과는 커피에 비해 약할 것이라고 생각할 수 있는데, 차에는 아데노신이 들러붙는 수용체에 접근을 차단하는 카페인의 양이 더 적기 때문이다.

하지만 차와 커피의 차이를 빚어내는 핵심 물질은 카페인이 아니라 L-테아닌인데, 이것은 차에는 보편적으로 들어 있지만 커피에는 없는 아미노산이다. 홍차 한 잔에는 L-테아닌이 평균적으로 약 25mg 들어 있다. 피험자들에게 L-테아닌 보조제를 섭취하게 한 뒤 뇌의 전기 활동을 측정한 연구 결과에 따르면, L-테아닌은 졸음을 전혀 야기하지 않고 마음을 진정시키는 효과가 있는 것으로 보인다. 이 연구는 차에 들어 있는 것보다 훨씬 높은 함량의 L-테아닌을 사용했지만, 추가 연구들에서 정상적으로 섭취하는 수준에서도 여전히 같은 효과가 나타난다는 것이 밝혀졌다.

그 후 L-테아닌과 카페인의 합동 효과를 조사하는 연구들도 진행되었다. L-테아닌과 카페인을 모두 함유한 음료를 마신 피험자들이 카페인만 함유한 음료나 플라세보를 섭취한 피험자들보다 과제를 더 빨리 그리고 더 정확하게 해결하는 결과가 나왔다. 이들은 또한 기억력 테스트 중에 주의를 딴 데로 돌리는 정보에도 영향을 덜 받는 것으로 나타났다. 한 가지 주의할 점이 있는데, 이 연구에서는 차 한 잔에 들어 있는 것보다 약간 더 많은 카페인과 L-테아닌을 사용했다. 이것은 명백하게 연구 결과에 어느 정도 영향을 미칠 수 있다.

그렇긴 하지만, L-테아닌이 마음에 어떤 효과를 미친다는 사실은 분명해 보이며, 차에 포함된 L-테아닌 함량 수준에서도 이런 효과가 어느 정도 나타날 가능성이 높다. 차와 커피의 자극 효과 차이는 추가 연구를 통해 더 자세한 것이 밝혀지겠지만, 그동안은 조금 더 부드러운 카페인 각성 효과를 원한다면, 차가 더 나은 선택으로 보인다.

커피

카페인
L-테아닌

~80mg
0mg

커피 200mL에 들어 있는 평균 함량

차

카페인
L-테아닌

~35mg
~25mg

홍차 200mL에 들어 있는 평균 함량

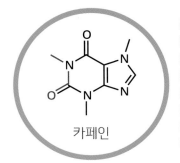

카페인

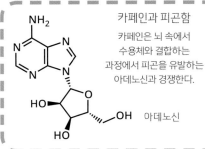

카페인과 피곤함
카페인은 뇌 속에서 수용체와 결합하는 과정에서 피곤을 유발하는 아데노신과 경쟁한다.

아데노신

L-테아닌

투존

투존은 환각제?

35 mg/L
압생트에 들어갈 수 있는 투존의 최대 농도.
압생트 금지 이전 시대에도 투존의 함량은 대체로
이와 비슷했던 것으로 보인다.

투존에 정신 작용 성질이 있다는 증거는 없다.
압생트에 들어 있는 양으로는 환각을
일으킬 수 없다.

압생트를 둘러싼 논란의 역사

앙리-루이 페르노Henri-
Louis Pernod가 스위스와
프랑스에서 압생트 양조장을
여러 군데 세웠다.

1797–1805

프랑스에서 압생트의 인기가
치솟았다. 술집에서는 오후 5시를
'녹색 시간'이라 불렀다(압생트의
별명이 '녹색 요정').

1860s

스위스 농부가 압생트를
마시고 가족을 살해하는
사건이 일어나자, 압생트 금지
청원이 시작됐다.

1905

금지된 적이 없는
영국 같은 나라들에서
압생트가 다시 인기를
끌었다.

1990s

1792

피에르 오르디네르Pierre Ordinaire가
현대적인 증류주 방식으로
압생트 제조법을 최초로 만들었다.

1840s

프랑스 군인들에게
말라리아 예방약으로
압생트를 주었다.

1864–74

마냥이 '압생트 중독증'을
연구했다.

1906–14

벨기에, 브라질, 네덜란드,
스위스, 미국, 프랑스에서
금지됐다.

2007

주요 국가들 중에서
마지막으로 프랑스가 압생트
금지 조처를 철회했다.

압생트는 정말로 환각을 일으킬까?

압생트는 아니스 향이 나는 술로, 허브와 향쑥을 원료로 만든다. 알코올 도수가 어떤 것은 최대 90%에 이를 정도로 강한 술인 압생트는 환각을 일으키는 술이라는 명성이 오랫동안 붙어다녔다. 20세기의 대부분 기간에 미국과 유럽 다수 지역에서 금지되기까지 했는데, 지금은 금지 조처가 풀렸다. 금지한 이유는 바로 압생트가 유발한다는 환각 작용 때문이었다.

압생트의 이런 성질은 19세기 초에 프랑스 의사 발랑탱 마냥Valentin Magnan이 주장했다. 마냥은 압생트가 중독과 뇌졸중, 환각을 일으키는 '압생트 중독증absinthism'이라는 증후군을 유발한다고 주장했다. 그리고 그 원인으로 향쑥을 지목했는데, 향쑥이 실험동물에게 경련을 일으킨다는 증거를 내세우며 자신의 주장을 뒷받침했다.

압생트의 주요 성분인 향쑥에는 투존이라는 화합물이 들어 있는데, 투존은 경련을 일으키는 효과가 있다고 알려져 있다. 마냥은 결국 투존을 분리하여 그것이 압생트 중독증의 원인이라고 확인했다. 하지만 그가 증거로 내세운 기니피그 실험에서 실험동물에게 투여한 향쑥 추출물에는 압생트에 들어 있는 것보다 훨씬 많은 양의 투존이 들어 있었다. 그 당시 마냥의 비판자들은 이 점을 강하게 지적했지만, 그럼에도 불구하고 마냥의 연구는 많은 나라에서 수십 년 동안 압생트 금지 조처를 내리는 근거가 되었다.

오늘날에도 압생트에 포함된 투존의 양은 규제를 받는다. 예를 들면, 유럽연합에서는 1L당 10mg까지만 허용된다. 아직도 일부 제조 회사들은 압생트의 환각 성질을 광고에 활용하려고 시도하지만, 투존이 환각을 유발한다는 증거는 전혀 없다. 압생트에 실제로 들어 있는 것보다 훨씬 많은 양을 섭취하더라도, 환각 효과는 나타나지 않는다. 압생트를 마셔서 경련이 일어날 만큼 투존을 섭취하는 것도 불가능한데, 그전에 먼저 알코올 중독 증상이 나타날 것이다.

지금은 압생트에 포함된 투존 함량이 문제가 아니라는 사실이 알려져 있다. 하지만 규제가 도입되기 전에는 투존 함량이 지금보다 훨씬 높았는데, 마냥이 관찰한 것과 같은 압생트 중독증을 유발할 수 있었을까? 그렇지 않다는 것을 증명하기 위해 과학자들은 프랑스에서 1915년에 압생트를 금지하기 이전에 만들어진 압생트 13병을 구해 투존 함량을 분석했다. 그 결과, 가장 높은 경우에도 투존의 농도는 1L당 48.3mg으로, 경련을 유발하기에는 한참 낮은 농도였다. 연구자들은 시간이 지남에 따라 병 속에 든 투존 함량이 변할 가능성도 배제했다. 그들은 에탄올 외에는 관찰된 압생트 중독증 증상을 유발할 수 있는 것은 아무것도 없다는 사실을 알아냈다.

그렇다면 마냥이 인간 피험자에게서 관찰한 '압생트 중독증' 증상은 알코올 중독 증상을 오인한 것으로 보인다. 투존이 환각을 일으킨다는 증거는 전혀 없으며, 따라서 압생트가 마약과 같은 황홀감을 유발할 가능성도 없다.

에너지 음료는 어떻게 효과를 나타낼까?

지난 10여 년 동안 에너지 음료 시장이 크게 성장하면서 많은 제품들이 출시되었다. 에너지 음료는 신체적 기능과 정신적 기능을 모두 끌어올린다고 광고하는데, 이 이야기 중에서 얼마만큼이 사실이고, 얼마만큼이 단순히 선전에 불과할까?

우선 '에너지 음료'라는 용어는 분명히 잘못 붙여진 이름이다. 에너지 음료에 함유된 설탕은 분명 에너지를 제공하긴 하지만, 대부분은 에너지 음료라는 이름으로 판매되지 않는 다른 청량음료와 설탕 함량이 비슷한 수준이다. 다른 활성 성분들이 어떤 효과를 낳을 수는 있지만, 엄밀한 의미에서는 에너지원이라고 할 수 없다.

설탕 외에 에너지 음료의 다른 주요 성분 중에서 중요한 효과를 내는 것은 카페인이다. 카페인의 효과와 카페인이 뇌에서 아데노신 수용체에 들러붙어 신경 활동이 느려지는 것을 방지하는 작용은 이미 앞에서 이야기했다. 많은 에너지 음료는 1회분에 카페인이 약 80mg 들어 있다. 하지만 이들 음료의 카페인 함량은 법으로 제한돼 있지 않기 때문에 이보다 더 많이 든 것도 있다. FDA는 하루에 400mg의 카페인을 섭취하더라도 건강에 부정적 영향이 없다고 발표했지만, 다른 연구들은 200mg 이상을 섭취하면 두통과 불면증 같은 일시적인 부작용이 가끔 나타날 수 있다고 지적한다.

그렇다면 카페인이 뇌에 효과를 미친다는 사실은 입증되었으니, 에너지 음료를 마신 뒤에 각성 수준을 높이는 데 기여할 가능성이 높다. 하지만 많은 에너지 음료에는 다른 성분들도 들어 있는데, 가장 많이 들어가는 성분 중 하나는 타우린이다. 타우린은 원래는 소의 쓸개즙에서 추출한 화합물이고 사람 쓸개즙의 주요 성분이기도 하지만, 오늘날 에너지 음료에 들어가는 타우린은 모두 실험실에서 합성된다. 타우린은 우리 몸에서 중요한 생물학적 기능을 여러 가지(심장혈관계와 중추 신경계, 근골격계의 기능을 포함해) 하지만, 에너지 음료에 첨가된 타우린의 효능은 논란의 대상이다.

보조제로서의 타우린에 대한 연구들 중 다수는 에너지 음료에 포함된 역할에 초점을 맞추는 것으로 보이는데, 에너지 음료는 타우린의 효과를 조사하는 연구에 시험 물질로 자주 사용된다. 하지만 에너지 음료에는 카페인도 들어 있기 때문에, 함께 섭취했을 경우에 나타나는 특정 효과를 타우린의 독자적인 효과라고 말하기 어렵다. 대부분의 연구는 에너지 음료가 인지에 미치는 효과는 주로 카페인 때문에 일어난다고 결론 내렸고, 다양한 나머지 성분들이 확실히 구별할 수 있는 효과를 미친다는 과학적 증거는 거의 없다. 이 점을 고려한다면, 각성 수준을 향상시키는 데에는 비슷한 양의 카페인을 함유하고 있는 커피 한 잔만으로도 에너지 음료만큼 충분히 효과가 있는 것으로 보인다.

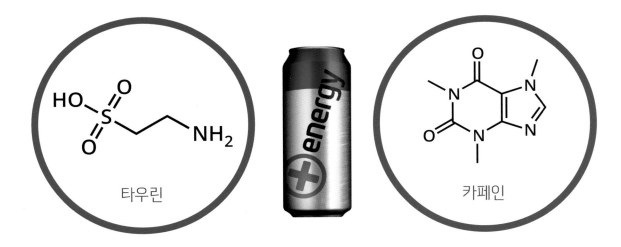

타우린

카페인

에너지 음료에 포함된 카페인과 타우린 함량

	0mg/8oz can	250mg/8oz can	500mg/8oz can	750mg/8oz can	1g/8oz can

레드 불   ~80mg

~1,000mg

(8oz = 237ml)

● 카페인 함량   ● 타우린 함량

일부 연구들은 에너지 음료가 지구력에 약간의 효과가 있다는 것을 보여주었지만, 많은 연구들에서는 아무 효과가 없는 것으로 나타났다. 에너지 음료의 효과는 타우린보다는 카페인 때문에 나타날 가능성이 크다.

건강

건강

ACEBUTOLOL ALISKIREN
AMITRIPTYLINE AMIODARONE
AMLODIPINE AMPRENAVIR
APIXABAN ATORVASTATIN
BUDESONIDE BUSPIRONE
CAFFEINE CARBAMAZEPINE
CARVEDILOL CILOSTAZOL
CISAPRIDE CLARITHROMYCIN
CLOMIPRAMINE CLOPIDOGREL
COLCHICINE CRIZOTINIB
CYCLOSPORINE DARIFENACIN
DASATINIB DEXTROMETHORPHAN
DIAZEPAM DIGOXIN
DILTIAZEM DOMPERIDONE
DRONEDARONE EPLERENONE
ERLOTINIB ERYTHROMYCIN
ESTROGENS ETOPOSIDE
EVEROLIMUS FELODIPINE
FENTANYL FESOTERODINE
FEXOFENADINE FLUVOXAMINE
ITRACONAZOLE LAPATINIB

85종 이상

그레이프프루트와 상호 작용을 일으키는 약의 종류

베르가모틴
(푸라노쿠마린 계열의 화합물)

LEVOTHYROXINE LOSARTAN
LOVASTATIN LURASIDONE
MARAVIROC METHADONE
METHYLPREDNISOLONE
MIDAZOLAM NICARDIPINE
NIFEDIPINE NILOTINIB
NIMODIPINE NISOLDIPINE
OXYCODONE PAZOPANIB
PIMOZIDE PRIMAQUINE
PROGESTERONE QUAZEPAM
QUETIAPINE QUININE
RILPIVIRINE RIVAROABAN
SAQUINAVIR SCOPOLAMINE
SERTRALINE SILDENAFIL
SILODOSIN SIMVASTATIN
SIROLIMUS SOLIFENACIN
SUNITINIB TACROLIMUS
TAMSULOSIN THEOPHYLLINE
TICAGRELOR TRIAZOLAM
VANDETANIB VERAPAMIL
WARFARIN ZIPRASIDONE

밑줄을 친 약들은 그레이프프루트와 상호 작용을 일으키는 것이 확인되어 그레이프프루트와 함께 먹지 말라고 권고하는 것들이다.
이것은 포괄적인 명단이 아니어서, 그레이프프루트와 상호 작용을 하는 약들이 전부 다 포함되지 않았을 수 있다.

왜 어떤 약은 그레이프프루트와 함께 먹으면 안 될까?

'그레이프프루트 주스 효과'란 말을 들어보았는가? 부작용이 일어날 수 있으니 그레이프프루트(그리고 그레이프프루트 주스)와 함께 먹지 말라는 약이 많다. 그 부작용은 그레이프프루트에 들어 있는 특정 화합물들 때문에 일어난다.

그 주범은 푸라노쿠마린 계열의 화합물 집단, 그중에서도 특히 베르가모틴과 다이하이드록시베르가모틴이다. 이 두 화합물은 체내에서 일부 약을 분해하는 데 중요한 역할을 하는 효소의 활동을 방해한다. 그렇게 되면 혈액 속에서 약의 농도가 높아질 수 있다. 이것은 문제가 될 수 있는데, 약을 처방할 때에는 우리 몸이 약을 분해하는 속도도 고려해 복용량을 정하기 때문이다. 그레이프프루트에 포함된 이 화합물은 대개 약의 분해 속도를 크게 떨어뜨리기 때문에 반복해서 약을 복용하다 보면 혈액 속에서 약의 농도가 크게 높아지고, 해로운 부작용을 초래할 수 있다.

그레이프프루트의 이런 효과는 비교적 오래 지속되는데, 효소의 활동이 원래 수준의 절반으로 돌아오는 데에는 약 24시간이 걸리고, 완전히 회복되기까지는 최대 72시간이 걸린다. 그레이프프루트 하나 또는 그레이프프루트 주스 200mL만 섭취해도 효소의 활동에 큰 영향을 미칠 수 있다. 부작용은 복용하는 약의 종류에 따라 다르지만, 콩팥 손상, 혈액 응고, 근섬유 파괴 등이 일어날 수 있다.

오렌지와 그레이프프루트의 잡종인 포멜로도 동일한 효소와 비슷한 상호 작용을 한다. 하지만 탄제린 또는 포멜로를 그레이프프루트와 교배시켜 만든 잡종인 탄젤로는 베르가모틴이 아주 적게 들어 있어 해당 효소와 상호 작용이 일어나지 않으므로, 그레이프프루트가 부작용을 일으키는 약과 함께 먹어도 아무 문제가 없다.

흥미롭게도 그레이프프루트가 약에 미치는 부작용을 활용하려는 연구도 있다. 체내에서 비교적 빨리 분해되는 성질이 있는 여러 종의 에이즈 치료약은 그레이프프루트와 함께 먹으면 약 성분이 혈액 속에 머무는 시간이 늘어나므로 그 효과를 더 오래 지속시킬 수 있을 것으로 보인다.

레몬이 괴혈병 예방에 효과가 있는 이유는?

레몬에는 많은 산이 포함돼 있다. 식품 첨가물 번호(E330)까지 붙어 있는 주요 산성 화합물 시트르산은 굳이 소개할 필요도 없어 보인다. 하지만 그 밖에도 중요한 역할을 하는 산이 두 가지 더 있다. 그중 하나는 괴혈병을 예방하려면 레몬을 섭취하라고 권장하는 이유가 되는 물질이다.

레몬에 신맛을 내는 주요 물질은 시트르산이다. 말산은 시트르산의 약 5% 농도로 존재한다. 말산 역시 나름의 식품 첨가물 번호(E296)가 붙어 있는데, 사과와 체리에도 포함돼 그 과일 특유의 향미에 일조한다.

레몬에 들어 있는 또 하나의 산은 가끔 사람들이 시트르산과 혼동하는 아스코르브산, 즉 비타민 C이다. 레몬에 든 비타민 C의 함량은 100g당 약 50mg으로 오렌지와 비슷하며, 라임(100g당 약 29mg)보다 훨씬 높다. 이 사실은 영국 해군이 뒤늦게 20세기 초에야 알아채는 바람에 그때까지 큰 손실을 감수해야 했다.

비타민 C는 동물 결합 조직의 주요 단백질인 콜라겐을 만드는 데 필요하다. 괴혈병은 비타민 C 결핍 때문에 생기는데, 증상으로는 반점, 잇몸 출혈, 치아 손실, 황달, 피로, 관절통, 고열 등이 나타나고, 결국에는 사망으로 이어진다. 괴혈병은 바다에서 오래 머물러야 하는 선원들에게 큰 문제였다. 비타민 C를 공급할 신선한 감귤류 섭취 없이 바다에서 오랜 시간을 보내다 보니 괴혈병에 걸리기 쉬웠다. 18세기 중엽에 의사들은 감귤류가 괴혈병을 효과적으로 치료할 수 있다는 사실을 발견했고, 18세기 후반에 영국 해군은 모든 선박의 수병 식사에 레몬주스를 포함시키도록 의무화했다.

이런 권고에도 불구하고, 비타민 C에 대한 인식 부족과 레몬과 라임에 포함된 비타민 C의 함량 차이 때문에 20세기 초에 괴혈병은 다시 큰 문제로 떠올랐다. 영국 해군은 레몬 대신에 라임을 공급하기 시작했는데, 영국 식민지들에서 라임을 쉽게 얻을 수 있었기 때문이다. 그렇게 한 이유는 레몬의 산성이 괴혈병을 막아준다고 믿었고, 라임이 레몬보다 산도가 더 높으므로 레몬만큼 효과적일 것이라고 생각해서였다. 하지만 이 조처는 가끔 비극적인 결과를 낳았는데, 여러 북극 탐험대가 라임 주스가 비타민 C를 충분히 공급하지 못하는 바람에 괴혈병에 시달려야 했다.

이러한 혼동은 1932년에 헝가리의 센트죄르지 얼베르트Szent-Györgyi Albert가 마침내 비타민 C를 분리하는 데 성공할 때까지 계속되었다. 비타민 C의 정식 이름에는 괴혈병을 예방하는 능력이 반영돼 있다. 아스코르브산ascrobic acid이란 이름은 'antiscorbutic'에서 유래했는데, scorbutic은 괴혈병scurvy의 형용사이므로, antiscorbutic은 괴혈병을 막는다는 뜻이다.

시트르산
모든 감귤류에 들어 있는 성분

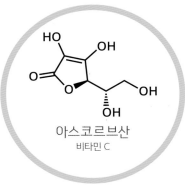

아스코르브산
비타민 C

괴혈병의 증상
비타민 C 결핍이 시작된 지 3개월 후

피로

관절통

빨간색과
파란색 반점

잇몸 출혈

숨참

황달

괴혈병의 역사 1500년대에서 1800년대까지, 사망한 선원 약 200만 명으로 추정

기원전 1500	1499	1520	1747~1762	1795	1932
괴혈병에 대한 최초의 기록	바스쿠 다가마의 선원 170명 중 116명 사망. 그중 상당수가 괴혈병으로 사망	마젤란의 선원 230명 중 208명 사망. 그중 상당수가 괴혈병으로 사망	제임스 린드James Lind가 실험을 통해 레몬주스가 괴혈병을 예방한다는 것을 보여줌	영국 해군이 레몬주스의 공급을 의무화	비타민 C가 괴혈병을 예방한다는 사실이 확실히 밝혀짐

건강

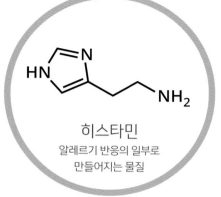

히스타민
알레르기 반응의 일부로
만들어지는 물질

알레르기 반응

1 견과의 단백질에 노출되면, 우리 몸은 이 단백질을 위험 물질로 오인해 맞서 싸울 항체를 만든다.

2 이렇게 만들어진 항체는 조직에 있는 두 종류의 세포(비만세포와 호염기구)에 들러붙는다.

3 이 세포들이 여러 가지 물질을 내놓는데, 그중에서 히스타민은 염증 반응을 일으킨다.

4 심한 경우에는 혈관 확장 같은 증상이 나타나고, 이것은 아나필락시스 쇼크로 이어질 수 있다.

1.3% 미국의 성인 중 견과 알레르기가 있는 것으로 추정되는 사람들의 비율

나무 견과 알레르기
아몬드, 브라질너트, 캐슈, 밤,
마카다미아 너트, 피칸, 피스타치오, 호두

땅콩 알레르기
땅콩은 콩과 식물이어서 나무 견과와 구별된다.
하지만 많은 사람들은 나무 견과와 땅콩 모두에
알레르기 반응을 나타낸다.

왜 어떤 사람들은 견과류에 알레르기가 있을까?

오늘날 슈퍼마켓에서 판매하는 식품들은 견과 포함 여부를 분명히 표시해야 한다. 만약 견과류가 들어 있을 가능성이 조금이라도 있다면, 그 사실을 포장지에 분명하게 밝혀야 한다. 식품에 포함된 견과에 알레르기 반응이 나타나는 화학적 과정은 어떤 것일까?

전체 인구 중 1~2%가 견과 알레르기가 있는 것으로 추정되며, 이 수치는 계속 증가하는 것으로 보인다. 견과나 견과를 포함한 식품에 대한 알레르기 반응은 심각한 수준이거나 생명을 위협할 수도 있다. 견과 알레르기의 정확한 원인은 아직 밝혀지지 않았다. 유전성일 가능성이 있지만, 항상 후손에게 전달되는 것은 아니다. 지금까지 밝혀진 사실은 견과에 포함된 특정 단백질이 신체의 반응 때문에 알레르기 반응을 일으킨다는 것이다.

정확한 단백질의 종류는 견과에 따라 다르며, 한 가지 보편적인 단백질이 알레르기 반응을 유발하는 것은 아니다. 알레르기 반응은 신체가 정상 물질을 위험한 물질로 오인하여 생기며, 반응 자체는 알레르겐(알레르기 반응을 일으키는 항원)의 종류에 상관없이 똑같다. 알레르겐에 처음 노출되면, 우리 몸은 비만세포와 호염기구라는 세포들에 들러붙도록 설계된 항체를 만든다. 이 단계에서는 아무 일도 일어나지 않는다. 하지만 더 많은 알레르겐에 노출되면, 비만세포에 들러붙어 있던 항체가 이제 알레르겐 분자에도 들러붙는다. 이렇게 둘 사이에 충분히 많은 항체가 들러붙으면, 비만세포가 폭발하면서 히스타민을 포함해 많은 물질을 내놓는다.

히스타민은 염증 반응을 일으키는데, 그 결과로 부기와 재채기, 가려움 증상이 나타난다. 히스타민은 건초열을 일으키는 주요 원인 물질이기도 하다. 견과 알레르기는 심한 경우에는 아나필락시스 쇼크anaphylactic shock를 유발할 수도 있는데, 이것은 혈관이 팽창하면서 혈압이 낮아지는 상태를 초래한다. 아나필락시스 쇼크의 주요 치료법은 에피네프린(아드레날린)을 투여하는 것인데, 그러면 혈관이 수축하면서 알레르기 반응이 혈관을 팽창시키는 효과를 상쇄시킨다.

견과 알레르기가 있는 사람은 견과 섭취나 접촉을 피하기만 하면 될 것처럼 보인다. 하지만 최근의 한 뉴스에 따르면, 브라질너트에 알레르기가 있는 사람은 더 조심할 필요가 있다. 2006년에 한 영국인 여성이 남자 친구와 성관계를 한 뒤에 알레르기 반응이 일어난 사례가 있었다. 그 여성은 성관계 전에 견과를 섭취하지 않았지만, 남자 친구가 견과를 섭취했다. 알레르기 반응을 촉발하는 단백질이 분해되지 않은 채 남자의 소화관을 지나 정액 속으로 들어간 것으로 보인다. 남자의 정액을 가지고 알레르기 반응 검사를 한 결과가 이 사실을 확인해주었다. 이것은 성관계를 통해 알레르기 유발 물질이 전달된 최초의 사례로 기록되었다. 불행하게도 추가 연구를 더 하기 전에 두 사람은 헤어지고 말았다.

진드기에게 물리면 고기 알레르기가 생길 수 있을까?

견과 알레르기이건 건초열이건, 알레르기는 많은 사람들에게 일상의 일부를 차지하고 있다. 알레르기에 따라 자극의 종류는 제각각 다르지만, 신체의 반응은 견과 알레르기를 다룰 때 이야기한 것과 동일하다. 여기서 소개할 다소 기묘한 알레르기는 붉은 고기 알레르기이다.

이 알레르기가 처음 기술된 것은 2007년인데, 그 기원을 이해하려면 특별한 진드기 종을 살펴볼 필요가 있다. 아메리카 대륙에 서식하는 론스타진드기는 미국에서는 주로 동부 지역에 집중된 약 28개 주에서 발견되는데, 붉은 고기 알레르기와 연관이 있는 것으로 밝혀졌다. 이 알레르기를 촉발하는 화합물은 알파 갤alpha-gal이라는 당이다.

알파 갤은 대부분의 포유류가 만드는 물질로, 동물의 세포막에서 보편적으로 발견된다. 하지만 사람과 영장류만큼은 예외인데, 이들은 세포에서 알파 갤을 만들지 않는다. 보통은 알파 갤이 우리 소화계에 들어오더라도 문제가 되지 않지만, 혈액 속으로 들어가면 이야기가 달라진다. 론스타진드기에게 물리면, 알파 갤이 불운한 피해자의 혈액 속으로 들어갈 수 있다. 알파 갤은 우리 몸이 만드는 화합물이 아니기 때문에, 우리 면역계는 이를 침입자로 인식해 맞서 싸울 항체를 만든다. 바로 이 항체가 붉은 고기에 알레르기 반응을 일으키는 원인이 된다.

붉은 고기에도 알파 갤이 들어 있는데, 이것은 진드기에 물리면서 몸속으로 들어온 알파 갤에 반응해 우리 몸이 만든 항체 생산을 촉발할 수 있다. 이 반응은 즉각 일어나지 않는다. 대개 붉은 고기를 먹은 후 세 시간에서 일곱 시간 사이에 일어나며, 두드러기, 염증, 구토, 설사 등의 증상과 함께 심하면 아나필락시스 쇼크까지 올 수 있다. 이 알레르기가 있는 사람에게는 오직 포유류 고기만이 문제를 일으킨다. 따라서 소고기와 돼지고기, 사슴 고기 등은 절대 금물이지만, 닭고기와 칠면조 고기, 생선 등은 먹어도 탈이 없는데, 포유류가 아닌 동물은 알파 갤을 만들지 않기 때문이다.

이 알레르기가 있는 사람에게는 불행하게도 이 알레르기 반응을 치료하는 방법은 없으며, 의사나 과학자도 이 반응이 시간이 지나면 마침내 사라지는지 아직 알지 못한다. 다른 알레르기와 마찬가지로 붉은 고기 알레르기 환자에게는 붉은 고기를 피하고, 아나필락시스 쇼크에 대비해 응급 주사제인 에피펜Epi-Pen을 항상 갖고 다니라고 권고한다. 이 알레르기는 대체로 론스타진드기가 많이 사는 미국의 주들에 국한돼 나타나긴 하지만, 프랑스와 오스트레일리아를 비롯해 몇몇 나라들에서도 다른 종류의 진드기에 물린 뒤에 발생한 사례가 보고되었기 때문에, 이 알레르기는 확산 추세에 있다고 볼 수 있다.

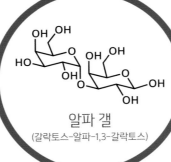

알파 갤
(갈락토스-알파-1,3-갈락토스)

론스타진드기

진드기의 창자 속에
알파 갤이 들어 있다.

진드기에게 물리면 알파 갤이
사람의 혈액 속으로 들어온다.

그러면 고기에 반응하는
항체가 만들어진다.

붉은 고기 알레르기 환자가 먹을 수 있는 고기는?

닭고기

칠면조 고기

소고기

돼지고기

사슴 고기

정향유의 화학적 조성

유제놀
정향유의 70~85%

아세틸 유제놀
정향유의 15%

베타-카리오필렌
정향유의 5~10%

유제놀의 성질

유제놀은 방부제, 소염제, 향진균제,
진통제로 작용하는 성질이 있다.
다만, 치통 완화제로서의 효과는
논란이 되고 있다.

정향의 향기

유제놀
나무와 양념 냄새

살리실산 메틸
윈터그린/박하 향기

2-헵탄온
과일과 양념 냄새

정향유는 왜 방부제로 쓰일까?

정향은 향신료의 한 종류로, 여러분 주방 어딘가에 숨어 있을지도 모른다. 정향은 인도네시아의 말루쿠 제도가 원산인 정향나무의 꽃봉오리를 말려서 만든다. 정향은 달콤한 향이 나는 맛을 냄으로써 음식의 향미를 높이는 데 쓰이며, 멀드 와인(mulled wine, 설탕과 향신료를 넣어 데운 와인)에 흔히 들어가는 향신료 중 하나이다. 또한, 정향유는 전통적으로 여러 가지 증상 중에서도 치통을 완화시키는 약으로 권장되어왔다. 그렇다면 이런 효과를 내는 화합물은 무엇일까?

우선 정향유의 조성부터 살펴보기로 하자. 정향유는 실제로는 정향나무의 꽃봉오리와 잎과 줄기 중 어디에서 추출했느냐에 따라 세 종류가 있다. 여기서는 꽃봉오리에서 추출한 기름에 초점을 맞춰 살펴보기로 하자. 이 정향유의 구성 성분은 아주 많지만, 주요 성분은 다음 세 가지이다: 전체 구성 성분의 70~85%를 차지하는 유제놀, 약 15%를 차지하는 아세틸 유제놀, 5~10%를 차지하는 베타-카리오필렌.

유제놀은 정향유를 치통 완화제로 쓸 수 있게 하는 주요 성분이다. 유제놀은 아주 다양한 성질을 갖고 있다. 마취제와 방부제, 소염제, 향진균제, 항균제, 살충제의 성질을 두루 갖고 있다. 치통 완화제로서의 효능은 주로 마취 효과에서 나온다. 이 효과는 유제놀이 정향유를 바른 부위의 신경들에 영향을 미치기 때문이다.

유제놀은 나트륨 이온의 움직임을 억제함으로써 신경과 뇌 사이의 메시지 및 통증 감각 전달 능력을 감소시킨다.

그럼에도 불구하고, FDA는 현재로서는 유제놀이 치통에 효과가 있다고 평가할 만한 증거가 충분하지 않다고 말한다. 그렇다고 효과가 전혀 없다는 말은 아니다. 정향유가 플라세보보다 치통에 더 효과적임을 보여주는 연구들이 있지만, 보편적으로 사용할 만큼 이 효과가 충분히 큰지는 입증되지 않았다.

조금 기묘한 또 하나의 용도는 다른 성분들과 함께 조루 방지용 국소 크림으로 사용하는 것이다. 이 용도 역시 유제놀이 신경에 미치는 효과를 활용했을 가능성이 높다.

마지막으로, 정향 향기에는 유제놀이 큰 영향을 미치지만, 소량으로 들어 있는 여러 화합물도 영향을 미친다. 그중 하나는 살리실산메틸로, 흔히 윈터그린 오일이라고 부르는 에스터 화합물이다. 또 하나는 과일과 양념 냄새가 나는 2-헵탄온이다. 2-헵탄온은 아주 흥미로운 물질인데, 유제놀과 비슷하게 마취제 성질이 있으며, 꿀벌의 턱에도 포함돼 있다는 사실이 밝혀졌다. 꿀벌이 벌집에 들어온 침입자를 물면 2-헵탄온이 분비되어 침입자를 마비시킨다. 이 화합물은 비교적 최근에 발견되었고, 장차 사람에게도 마취제로 쓸 목적으로 특허가 등록되었다.

MSG는 정말로 중국 음식점 증후군을 일으킬까?

흔히 줄여서 MSG라 부르는 글루탐산나트륨은 오랫동안 조미료 세계에서 공공의 적처럼 취급받았다. 영국과 중국의 테이크아웃 전문점들은 카운터 옆에 'MSG를 전혀 쓰지 않습니다'란 문구를 자랑스럽게 내걸며, 'MSG의 진실'을 여러분에게 알려주려는 웹사이트도 아주 많다. 그러나 정확한 진실을 이야기하자면, MSG는 아주 극심한 중상모략의 피해자이다. 이것은 MSG의 역사와 MSG에 관한 연구를 잠깐만 살펴보면 알 수 있다.

MSG는 1908년에 일본인 과학자가 다시마에서 맨 처음 분리했다. MSG는 음식에 첨가하면 감칠맛을 낸다고 알려졌다. 20세기 중엽에 MSG는 일본과 중국 요리에 보편적으로 들어가는 조미료가 되었고, 미국을 포함해 많은 나라로 퍼져갔으며, 미국에서는 식당과 테이크아웃 전문점에서 일상적으로 사용되었다.

'중국 음식점 증후군Chinese restaurant syndrome'이란 말은 중국계 미국인 의사 로버트 호 만 콱Robert Ho Man Kwok이 만들었는데, 그는 중국 음식점에서 식사를 하고 나서 두근거림과 저림 증상이 나타났다고 불평하는 편지를 과학 학술지에 보냈다. 콱은 자신이 먹은 음식 중 어떤 성분이 이런 효과를 나타냈는지 확인하지 않았지만, 증거 부족에도 불구하고 MSG가 용의자로 지목되었다. 같은 무렵에 존 올니John Olney는 연구를 통해 생쥐 뇌에 MSG를 주사했더니 뇌 손상이 일어났다는 결과를 발표했다.

이 연구는 MSG의 부작용과 관련이 있는 것처럼 보이지만, 이 연구를 언급할 때 올니가 체중 1kg당 4g에 이를 정도로 엄청난 양의 MSG를 한꺼번에 주사했다는 사실을 흔히 빠뜨린다. 이것은 사람이 균형 잡힌 식사를 하면서 섭취하는 것보다 수십 배 이상 많은 양이다. 선진국 사람들이 하루에 섭취하는 MSG의 양은 1g을 넘지 않는 것으로 추정된다. 올니의 실험에서 사용했던 최대 투여량에 맞추려면, 우리는 300g의 MSG를 한꺼번에 섭취해야 할 것이다. 이것은 평균적인 테이크아웃 전문점의 중국 음식에 포함된 것보다 수십 배나 많다.

쉬쉬 하고 덮어둔 연구가 하나 있는데, 1970년대에 6주 동안 피험자 11명에게 최대 150g의 MSG를 먹였지만, 아무런 부작용도 나타나지 않았다. 그동안 MSG의 유해성을 지적하는 주장은 차고 넘쳤지만, 그것을 뒷받침하는 과학적 증거는 하나도 없다는 것이 진실이다. 많은 연구와 검토가 있었지만, MSG와 불쾌한 증상 사이의 상관관계는 전혀 발견되지 않았고, 식품 규제 당국들은 아직도 MSG를 식품 보조제로 사용하는 것을 승인하고 있다.

화학적으로 MSG는 자연에서 발견되는 아미노산인 글루탐산의 나트륨염이다. 글루탐산은 토마토와 햄, 치즈에 들어 있으며, 화학적으로 MSG와 똑같다(둘 다 몸속에서 정확하게 똑같은 방식으로 처리된다). 만약 MSG가 흔히 이야기되는 증상들을 유발한다면, 글루탐산을 많이 포함한 음식을 먹어도 정확하게 똑같은 효과가 나타나야 할 것이다. 하지만 치즈를 먹고 나서 '중국 음식점 증후군'을 경험했다고 불평하는 사람이 아무도 없다는 사실이 이상하지 않은가?

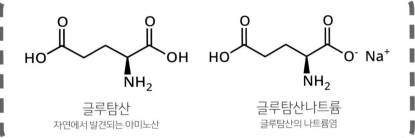

글루탐산
자연에서 발견되는 아미노산

글루탐산나트륨
글루탐산의 나트륨염

자연적으로 글루탐산을 함유한 식품

토마토
100g당 140mg

파마산 치즈
100g당 1200mg

버섯
100g당 180mg

'중국 음식점 증후군'의
증상

두통

발한

메스꺼움

피로

MSG와 '중국 음식점 증후군'의 증상들 사이의 상관관계를 찾으려는 연구들이 많이 있었지만, 모두 실패로 돌아갔다. 일상적인 식사 수준에서 MSG가 사람에게 해롭다는 증거는 전혀 없다.

수크로스

아스파탐

수크랄로스

인공 감미료와 설탕[수크로스]의 단맛 비교

수크로스	
시클라메이트	x30
아스파탐	x180
아세설팜	x200
사카린	x300
스테비아	x300
수크랄로스	x600

인공 감미료 루그드네임은 설탕보다 약 30만 배나 단 것으로 평가되지만, 아직 식품에 사용해도 된다는 허가가 나지 않았다.

왜 가끔 설탕 대신 감미료를 사용할까?

설탕은 음식 맛을 아주 좋게 하지만, 너무 많이 들어가면 좋지 않다는 건 모두가 알고 있다. 설탕은 충치 발생에 주요한 역할을 한다. 설탕이 어떤 질환의 발생에 기여한다는 사실이 과학적으로 입증된 것은 지금까지는 충치가 유일하다. 치태를 만드는 세균은 설탕을 에너지로 사용해 성장할 수 있는데, 설탕 섭취량을 적절하게 유지하라고 경고하는 이유는 이 때문이다.

우리가 흔히 보는 설탕인 그래뉼러당은 화학적으로는 수크로스 sucrose라고 한다. 천연 당류는 모두 같은 것이라고 생각하기 쉽지만, 실제로는 종류가 다양하다. 과일에 많이 들어 있는 당류는 과당果糖이다. 포도당도 많이 들어 있는 당류인데, 식물이 광합성을 통해 합성하는 당류이다. 사실, 수크로스는 포도당 분자와 과당 분자가 결합된 것이다. 천연 당류는 단맛의 정도가 다양하다. 예를 들면, 과당은 수크로스보다 약간 더 단 반면, 우유에 들어 있는 당류인 젖당은 단맛이 수크로스의 절반에도 못 미친다.

천연 당류는 모두 충치 발생이라는 문제점을 안고 있는데, 이는 많은 제조업체들이 천연 당류 대신에 인공 감미료를 사용하는 이유 중 하나이다. 사용할 수 있는 감미료의 종류는 아주 다양하다. 널리 알려진 것 몇 가지만 예를 들면, 아스파탐, 사카린, 수크랄로스, 스테비아가 있다. 이 화합물들은 구조가 제각각 다른데도 공통적으로 단맛이 나는 이유를 설명하는 이론이 하나 있다.

'단맛의 삼각형 이론'은 단맛이 나는 분자 속에 세 가지 원자단이 있어야 한다고 주장한다. 세 가지는 카보닐기(C=O), 아마이드기 일부(N−H), 소수성기가 그것이다. 이 원자단들은 공간에서 특정 방식으로 배열되어야 한다. 카보닐기와 아마이드기는 약 0.3nm만큼 떨어져 있어야 하고, 소수성기는 카보닐기보다 아마이드기에서 더 멀리 떨어져 있어야 한다. 단맛을 내는 화합물이 모두 다 이 규칙을 따르는 것은 아니지만, 이 규칙은 비교적 잘 성립하는 것처럼 보인다.

인공 감미료는 수크로스보다 훨씬 더 달다. 아스파탐과 사카린은 약 300배 더 달며, 개중에는 2000배나 더 단 것도 있다. 따라서 인공 감미료를 사용하면, 수크로스와 동일한 수준의 단맛을 내는 데 훨씬 적은 양이 필요하므로 제조 원가를 줄일 수 있다. 게다가 인공 감미료는 충치도 발생시키지 않는데, 치태를 만드는 세균은 인공 감미료를 에너지원으로 사용할 수 없기 때문이다.

이런 장점에도 불구하고, 인공 감미료는 평판이 그다지 좋지 않다. 특히 아스파탐은 평판이 나쁜데, 암을 유발한다는 비난까지 받는다. 아스파탐의 안전성 연구를 검토한 결과에 따르면, 일상 제품에 사용되는 것보다 수십 배나 높은 농도에서도 아스파탐이 암이나 뇌종양 발생과 연관이 있다는 증거는 전혀 없다. 최근의 한 연구는 일부 인공 감미료가 포도당 내성을 유발할 수 있다고 주장했는데, 이것은 당뇨병 환자들에게 위험할 수 있다. 하지만 이 연구는 단 한 종의 인공 감미료(사카린)를 생쥐에게 사용한 실험에 초점을 맞추었고, 사람을 대상으로 한 연구는 매우 제한적으로 다루었다. 그렇기 때문에 이 연구 결과는 후속 연구를 통해 확인할 필요가 있다.

아황산염은 무엇이며, 왜 술에 중요한 물질인가?

여러분은 와인이나 사과주를 마시면서 병이나 깡통 어딘가에 '아황산염'이 첨가제로 들어 있다는 문구를 본 적이 있을 것이다. 그러면서 도대체 아황산염이라는 화합물이 무엇이며, 왜 현대의 주류 제조업자들은 술에 그것을 첨가할까 하는 의문이 들었을 것이다. 하지만 아황산염을 첨가제로 사용하는 관행은 실제로는 수천 년 전으로 거슬러 올라간다.

이 개념을 맨 먼저 발견한 사람들은 고대 로마인으로 보인다. 그들은 텅 빈 와인 병 속에서 황으로 만든 초를 태우면, 그 병에 담은 와인이 변해서 식초 맛과 냄새가 나는 일이 줄어든다는 사실을 발견했다. 이산화황(무수 아황산)을 와인에 첨가하는 것은 중세에 보편적인 관행으로 자리 잡았다.

이산화황은 광범위한 보존 능력이 있다. 우선, 이산화황은 산화 반응의 진행을 늦추는 항산화제이다. 와인의 경우, 이산화황의 이 기능은 와인에 포함된 일부 유기 화합물의 산화를 방지함으로써 와인의 색과 맛을 보존하는 데 도움이 된다. 이산화황은 항균 작용도 하는데, 식중독을 일으키는 세균뿐만 아니라 효모와 곰팡이의 성장을 억제하므로 와인과 그 밖의 술에 특히 중요하다.

오늘날 이산화황은 아황산염의 형태로 주류에 직접 첨가하는 경우가 많다. 가장 많이 쓰이는 화합물은 메타중아황산칼륨이지만, 메타중아황산나트륨도 쓰인다. 이 화합물들은 물과 섞이면 이산화황이 나오면서 앞에서 언급한 효과를 나타낸다. 지금 우리는 아황산염이 술에 사용되는 사례를 이야기하고 있지만, 다른 식품들에서도 광범위하게 사용된다. 예를 들면, 말린 과일이나 고기 제품의 보존제로 쓰인다.

사실, 와인과 맥주의 효모균은 자연적으로 이산화황을 약간 만든다. 다만, 가장 효과적인 농도에 이르려면, 그 농도를 인위적으로 더 높여야 할 필요가 있다. 따라서 식품이나 음료에 든 아황산염에 대해서는 염려할 이유가 거의 없다. 그렇긴 하지만, 천식 환자들 가운데 가끔 아황산염에 민감한 반응을 보이는 사례가 있다. 천식 환자들 중 3~10%는 아황산염에 특정 반응을 나타낼 수 있는데, 이 반응은 경미한 증상에서부터 더 심각한 천식 발작에 이르기까지 다양하게 나타난다. 이런 사람들은 아황산염 함량이 높은 제품들을 피하는 수밖에 다른 방법이 없다.

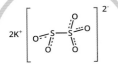

메타중아황산 칼륨

선호되는 첨가제

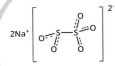

메타중아황산 나트륨

가끔 대체물로 쓰인다.

이산화황

음료에 든 아황산염에서 생긴다.

아황산염의 목적

아황산염은 이산화황을 만들어내는데, 이산화황은 여러 가지 이유로 식품과 음료에 유용하다.

항산화 작용

식품과 음료의 변질과 변색을 초래하는 반응을 지연시킨다.

효소 억제

식품에서 효소 반응을 지연시킨다. 예를 들면, 과일의 갈변을 초래하는 효소 반응을 지연시킨다.

항균 작용

식품과 음료에서 곰팡이와 효모균과 세균의 성장을 억제한다.

여러 식품과 음료에 포함된 이산화황의 최대 함량

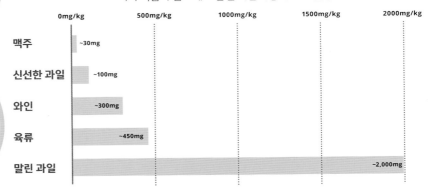

	0mg/kg	500mg/kg	1000mg/kg	1500mg/kg	2000mg/kg
맥주	~30mg				
신선한 과일	~100mg				
와인	~300mg				
육류	~450mg				
말린 과일					~2,000mg

변환

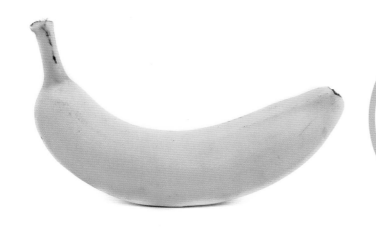

에텐
숙성 호르몬

과일의 숙성에 관여하는 효소

펙티네이스
식물의 세포벽을 분해하여 과육을 부드럽게 만든다.

아밀레이스
탄수화물을 분해하여 과일에 단맛을 내는 당류를 만든다.

가수 분해 효소
엽록소를 분해하여 숙성과 연관된 색깔 변화를 가져온다.

1-메틸사이클로프로펜
에텐의 작용을 억제

바나나는 정말로 다른 과일을 더 빨리 익게 할까?

바나나는 107개국에서 재배되는데, 한때는 이국적인 식물로 인식되었지만, 지금은 전 세계에서 가장 대중적인 과일 중 하나로 자리 잡았다. 푸른색일 때 나무에서 딴 바나나는 천천히 익으면서 노란색으로 변해간다. 하지만 바나나를 냉장고에 보관해서는 안 되는데, 냉장고에 넣으면 껍질이 갈색으로 혹은 심지어 검은색으로 변한다. 이것은 효소의 작용으로 갈변 반응이 일어나기 때문인데, 갈변 반응은 아보카도를 다룰 때 자세히 설명한 바 있다. 아보카도를 더 빨리 익게 하고 싶으면, 바나나와 함께 비닐봉지 안에 넣어두라는 이야기를 흔히 하는데, 이 방법은 바로 바나나의 갈변 반응을 활용한 것이다.

이것은 얼핏 듣기에는 기묘한 이야기처럼 들릴 수 있지만, 실제로는 바나나에서 만들어지는 특정 화합물 덕분에 그런 일이 일어날 수 있다. 문제의 화합물은 에텐인데, 놀랍도록 단순해 보이는 이 화합물은 과일에서 숙성 호르몬 기능을 한다. 에텐은 과일에서 특정 유전자의 '스위치를 끔'으로써 그 효과를 발휘하는데, 그 결과로 숙성 과정을 돕는 효소들을 만드는 유전자들의 '스위치가 켜지게' 된다. 바나나에서 만들어진 에텐은 다른 과일들에서도

이 과정을 자극하기 때문에, 비닐봉지에 과일을 바나나와 함께 넣어두면 효과가 있다.

바나나를 따서 슈퍼마켓까지 운송할 때 이 과정을 이용한다. 이미 노란색일 때 딴 바나나는 슈퍼마켓 선반에 도착할 때쯤에는 갈색으로 변해 썩기 시작할 것이다. 그래서 농장에서는 아직 제대로 익지 않은 푸른색 바나나를 따 그 상태로 운송한다. 운송 도중에 지나치게 익지 않도록 하기 위해 숙성 과정을 늦추는 기체 화합물을 사용한다. 대개 1-메틸사이클로프로펜을 사용하는데, 이 물질은 에텐이 과일에 미치는 효과를 차단하여 숙성을 멈추게 할 수 있다.

바나나를 선적하고 난 뒤, 이번에는 슈퍼마켓에 도착할 무렵까지도 바나나가 제대로 익지 않을 가능성이 있다. 이런 경우에는 인공 숙성 방법을 사용한다. 에텐이 숙성 과정을 촉진하는 효과를 이용해 바나나에 에텐 기체를 쐬어주면, 하루나 이틀 만에 바나나가 완전히 익게 된다.

에텐에는 기묘한 효과가 한 가지 더 있다. 에텐은 일부 꽃식물에도 영향을 미친다. 그래서 바나나를 꽃식물 가까이에 놓아두면, 꽃이 예정보다 조금 더 빨리 필 수 있다.

어떤 과일을 첨가하면 젤리가 굳지 않는 이유는 무엇일까?

과일 젤리를 만들어본 사람이라면, 어떤 과일은 다른 과일보다 젤리를 만들기가 더 힘들다는 사실을 알 것이다. 특히 파인애플과 파파야, 키위는 젤리를 굳지 않게 하는 성질이 있다. 여기에는 물론 화학적 이유가 있는데, 그것을 자세히 살펴보기 전에 젤리가 굳을 때 어떤 일이 일어나는지 생각해볼 필요가 있다.

젤리는 젤라틴으로 이루어져 있는데, 젤라틴은 사람과 동물의 몸에서 흔히 볼 수 있는 단백질인 콜라겐을 가공 처리한 것이다. 젤라틴에 물을 첨가하면, 젤라틴 가닥들을 약하게 붙들고 있는 힘이 쉽게 무너지면서 개개 단백질이 자유롭게 돌아다니게 된다. 젤리를 냉장고에 넣으면, 온도가 내려감에 따라 단백질 분자들이 또다시 뒤엉키기 시작하면서 물을 가두어 젤리 특유의 굳기와 모습이 나타난다.

파인애플과 파파야, 키위는 모두 그 속에 들어 있는 효소 때문에 이 과정을 방해한다. 파인애플에는 브로멜라인이라는 효소가, 키위에는 액티니딘이라는 효소가, 파파야에는 파파인이라는

효소가 들어 있다. 이 효소들은 이름은 제각각 다르지만 하는 일은 동일한데, 모두 단백질을 소화하는 효소이다. 과일에 단백질 소화 효소가 들어 있는 게 이상하게 보일 수 있는데, 이 효소들은 기생충과 벌레로부터 과일을 보호하는 역할을 하는 것으로 보인다. 이 효소들은 젤라틴과 섞이면, 젤라틴 단백질을 더 작은 조각들로 분해한다. 더 작은 조각들은 충분히 길지가 않아서 냉각될 때 뒤엉킨 구조를 만들지를 못하는데, 그래서 젤리가 제대로 굳지 않게 된다.

그래도 파인애플 젤리를 꼭 만들어야 한다면, 이 문제를 피해갈 수 있는 방법이 있다. 신선한 파인애플 대신에 통조림 파인애플을 사용한다면, 젤리가 별 말썽 없이 굳을 것이다. 통조림 파인애플은 세균을 죽이기 위해 가열하여 만들기 때문에 그렇다. 파인애플을 가열하면 그 속의 효소들이 분해되거나 변성되는데, 그중에는 신선한 파인애플로 젤리를 만들지 못하게 하는 단백질 분해 효소도 포함된다. 이 효소가 제 기능을 하지 못하는 한, 파인애플로도 다른 과일과 마찬가지로 훌륭한 젤리를 만들 수 있다.

파인애플
브로멜라인

키위
액티니딘

파파야
파파인

이 과일들에 들어 있는 효소들이 젤라틴의 단백질 구조를 분해해 젤리가 굳는 것을 방해한다.

젤라틴

젤라틴의 화학 구조는 기다란 아미노산 사슬로 이루어져 있다.
아래는 젤라틴 중 일부의 전형적인 구조이다.

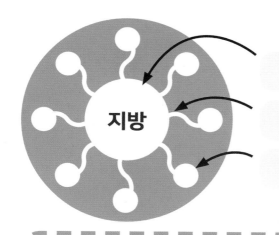

지방

크림 에멀션이 생기는 과정

크림은 물속에 지방 방울들이 퍼져 있는 에멀션이다.
크림 속의 단백질은 유화제 역할을 한다.

단백질 분자의 한쪽 끝은 '소수성' 꼬리이다.
이것은 물에 녹지 않지만 지방에는 녹는다.

반대쪽 끝은 '친수성' 머리이다.
이것은 물에 녹아 에멀션 생성을 돕는다.

크림을 휘저을 때 어떤 일이 일어날까?

 → → →

공기 방울들이 들어간다.	지방 방울의 구조가 무너진다.	지방 방울들이 연결돼 젤 구조를 만든다.	단백질을 통해 연결된, 물층과 지방층이 크림을 걸쭉하게 만든다.

에멀션의 다른 예

페인트

마요네즈

버터

우유

크림을 휘저으면 왜 걸쭉해질까?

● ● ● ● ● ● ● ● ● ● ● ● ● ● ● ● ● ●

디저트에 휘핑크림이 함께 나올 때가 많다. 잘 알고 있겠지만, 휘핑크림은 종이팩에 든 것을 구입하면, 에어로졸 캔에 든 것보다 비교적 묽은 형태로 흘러나온다. 물론 이렇게 묽은 휘핑크림은 디저트와 함께 내놓기 전에 휘저어서 걸쭉하게 만들 필요가 있다. 그런데 크림은 휘저으면 왜 걸쭉해질까?

우선 기초 사실부터 알아보자. 크림은 과학자들이 에멀션emulsion이라 부르는 것이다. 에멀션이라고 하면, 여러분 머릿속에는 자동적으로 페인트가 떠오를지 모른다. 페인트도 에멀션의 한 종류이긴 하지만, 그 밖에도 많은 혼합물이 에멀션이다. 에멀션은 두(혹은 그 이상) 액체가 섞여 있는 혼합물인데, 한 액체가 아주 미소한 방울 형태로 존재하면서 다른 액체 속에 분산되어 있는 것이다. 크림은 물속에 지방 방울들이 분산돼 있는 에멀션이다.

에멀션이 각각의 액체로 분리되는 것을 막기 위해 유화제가 필요할 때도 많다. 유화제는 일반적으로 분자가 두 부분으로 이루어져 있다. 한쪽 끝은 물에는 녹지만 지방이나 기름에는 녹지 않는데,

이 부분을 '친수성' 머리라 부른다. 반대쪽 끝은 지방과 기름에는 녹지만 물에는 녹지 않는데, 이 부분을 '소수성' 꼬리라 부른다. 크림에서 단백질은 유화제 역할을 하는데, 지방 방울들을 에워싸서 물속에 녹아 있는 상태로 머물게 함으로써 에멀션을 안정시키는 데 도움을 준다. 액체 세제도 유화제의 한 예이다. 액체 세제는 물과 기름을 섞이도록 함으로써 그릇을 깨끗이 씻는 데 도움을 준다.

지금까지 크림이 무엇인지 알아보았지만, 크림을 휘저으면 왜 걸쭉해지는지는 이야기하지 않았다. 크림을 휘저을 때 우리가 크림에 무엇을 도입하는지 생각해보자. 크림을 몇 분 동안 계속 휘저으면, 혼합물에 점점 더 많은 공기가 들어간다. 혼합물 속에 갇힌 이 작은 공기 방울들이 지방 방울들을 뒤흔들어 물과 섞인 상태에서 지방 방울들을 서로 연결시킨다. 최종 결과는 거품 생성으로 나타나는데, 거품은 단백질이 연결을 돕고 있는 물층과 지방층이라고 볼 수 있으며, 여기에는 또한 아주 작은 공기 방울들이 포함돼 있다. 이것은 크림의 질감과 겉모습에 뚜렷한 차이를 빚어낸다.

초콜릿은 냉장고에 보관해야 할까?

초콜릿을 냉장고에 보관하는 것이 좋은가 하는 것은 논란이 많은 문제이며, 의견도 엇갈린다. 하지만 초콜릿의 구조 뒤에 숨어 있는 화학이 이 논란을 해결하는 데 도움을 줄지 모른다.

카카오 버터는 초콜릿의 주성분이다. 카카오 버터는 주로 지방 분자들로 이루어져 있는데, 그 배열 방식이 초콜릿의 구조를 결정한다. 구조가 다르다 하더라도, 분자 그 자체가 변하는 것은 아니다. 그저 분자들이 배열되거나 쌓인 방식만 변할 뿐이다.

같은 화학 성분으로 이루어진 물질이 서로 다른 구조를 가지고 있는 것을 동질 이상同質異像이라고 하는데, 카카오 버터는 적어도 여섯 가지 구조(또는 결정 형태)를 갖고 있다. 이것들은 분자 배열 방식이 제각각 다르며, 이런 구조 차이는 겉모습과 맛과 질감 같은 성질에도 영향을 미친다. 이것은 초콜릿의 맛과 질에 영향을 미칠 수 있다.

최고의 겉모습과 맛이라는 측면에서 볼 때, 초콜릿의 가장 좋은 결정 형태는 5형이다. 이 형태는 반짝이는 광택이 나고, 부러질 때 딱 하는 소리가 선명하게 나며, 입속에서 살살 녹으면서 질감이 부드럽다. 나머지 형태들은 무르고 쉽게 바스러질 수 있으며, 종종 슈거 블룸(sugar bloom, 설탕 블룸)이나 팻 블룸(fat bloom, 지방 블룸)이 나타난다. 슈거 블룸은 초콜릿에 습기가 들어가 일부 설탕 분자가 녹아 겉으로 나와 표면에 작은 회색빛 반점이 생기는 현상이다. 팻 블룸은 초콜릿이 부분적으로 녹으면서 지방이 표면으로 나와서 생긴다.

5형은 초콜릿에서 가장 바람직한 동질 이상체일 수 있지만, 불행하게도 여섯 가지 형태 중에서 가장 안정한 형태가 아니어서

5형을 주요 구조로 만들려면 템퍼링tempering이라는 과정이 필요하다. 녹은 카카오 버터를 자연적으로 식게 내버려두면, 1형에서 5형까지의 형태들이 뒤섞인 초콜릿이 생긴다. 템퍼링에는 녹은 초콜릿을 아주 느리게 식히는 과정이 들어가는데, 그러면 혼합물 속에서 생기는 5형의 양이 증가한다. 다 식은 다음에 초콜릿을 5형의 녹는점 바로 직전까지 다시 가열한다. 그러면 녹는점이 더 낮은 1~4형은 녹지만, 5형은 녹지 않는다. 다시 식히면, 초콜릿은 이미 존재하는 5형 결정의 패턴을 따르면서 굳는다. 그래서 나머지 형태들이 아주 적게 포함된 구조를 갖게 된다.

6형은 녹은 초콜릿이 굳을 때 생기지 않는다. 대신에 몇 달이 지난 뒤에 5형으로부터 생긴다. 5형에 들어 있는 지방 분자들은 이 시간 동안 충분한 에너지를 얻어 6형으로 변하게 되는데, 6형은 5형보다 딱딱하고 녹는점이 더 높아 입속에서 더 천천히 녹는다. 초콜릿 표면에 팻 블룸이 생길 수도 있다.

5형에서 6형으로 변하는 것을 막으려면, 그냥 초콜릿을 냉장고 속에 보관하면 된다. 낮은 온도에서는 지방 분자들이 충분한 에너지를 얻지 못하므로 6형으로 변하지 않는다.

자, 그럼 이걸로 초콜릿을 냉장고에 보관하는 방법을 둘러싼 논란이 해결되었을까? 완전히 그렇진 않다. 갑작스런 온도 변화는 초콜릿의 구조에 부정적 영향을 미칠 수 있다. 그래서 더운 날에 냉장고에 초콜릿을 곧장 넣는 것은 질을 떨어뜨리는 결과를 초래할 수 있다. 따라서 초콜릿을 냉장고에 넣는 것에 절대 반대하는 사람이라면, 이를 정당화할 근거가 있는 셈이다.

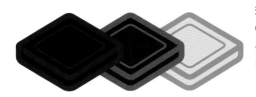

카카오 버터의 분자들은 여러 가지 방식으로 배열될 수 있다.
이렇게 생겨난 서로 다른 형태들을 **동질 이상체**라고 한다.
동질 이상체들은 성질이 제각각 다르며, 초콜릿의 질에 영향을
미칠 수 있다. 가장 바람직한 형태는 5형이다.

형태	I	II	III	IV	V	VI
녹는점	17.3°C	23.3°C	25.5°C	27.3°C	33.8°C	36.3°C
무름	✔	✔				
단단함			✔	✔	✔	
굳기						✔
바스러짐	✔	✔				
'딱' 하는 소리					✔	
광택					✔	
팻 블룸	✔	✔	✔	✔		✔

안정성과 밀도가 증가하는 방향

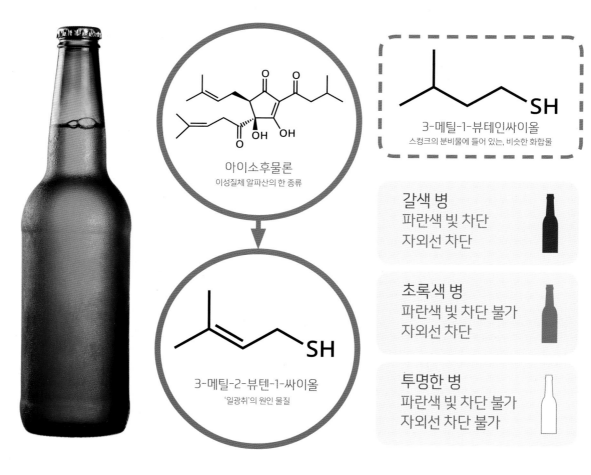

아이소후물론
이성질체 알파산의 한 종류

3-메틸-1-뷰테인싸이올
스컹크의 분비물에 들어 있는, 비슷한 화합물

3-메틸-2-뷰텐-1-싸이올
'일광취'의 원인 물질

갈색 병
파란색 빛 차단
자외선 차단

초록색 병
파란색 빛 차단 불가
자외선 차단

투명한 병
파란색 빛 차단 불가
자외선 차단 불가

왜 맥주병은 어두운 색의 유리로 만들까?

슈퍼마켓에서 파는 맥주들을 보면, 전부 어두운 색 유리병이나 불투명한 캔에 담겨 있다. 이것은 단순히 미학적인 이유에서 그런 것이 아니다. 그 뒤에는 과학적 이유가 숨어 있다. 여러분은 맥주가 쉽게 변하는 물질이 아니라고 생각할지 모르지만, 어두운 색 유리병이나 불투명한 캔은 맥주를 변질시키는 과정을 방지하는 데 꼭 필요하다.

양조 중 맥즙을 끓이는 과정에서 홉을 집어넣는데, 홉은 맥주의 향미와 쓴맛에 중요한 역할을 한다. 끓이는 과정에서 홉의 알파산이 알파산의 이성질체에 해당하는 아주 약간 다른 화합물로 변한다. 이 화합물은 맥주에 쓴맛을 크게 더해준다. 이것들은 맥주가 변질되는 과정에서도 중요한 역할을 한다.

맥주가 빛에 노출되면, 광자가 이성질체 알파산 중 일부와 맥주 속의 리보플라빈이라는 화합물 사이의 반응을 촉진시킨다. 그 결과로 3-메틸-2-뷰텐-1-싸이올(줄여서 MBT라고 함)이라는 화합물이 생긴다. MBT는 구조가 스컹크의 분비물에 포함된 화합물과 크게 다르지 않으며, 그것과 비슷하게 불쾌한 냄새를 낸다. 이런 이유 때문에 이 과정을 흔히 '스컹킹skunking'이라 부르며, 빛을 받아 맥주에 나는 악취를 '일광취日光臭'라 부른다.

그래서 어두운 색의 유리병을 사용하게 된 것이다. 모든 빛이 스컹킹 반응을 촉발하는 것은 아니며, 특정 파장 영역의 빛만이 반응을 촉발한다. 반응을 촉발하는 빛은 파란색 끝부분에 위치한 파장 400~500nm의 가시광선과 파장 400nm 이하의 자외선이다. 갈색 맥주병은 이 파장대의 빛을 차단하며, 불투명한 캔은 확실하게 이들 빛을 차단하기 때문에, 일광취를 막으려면 이 용기들이 최선의 선택이다. 초록색 맥주병은 자외선은 차단하지만 파란색 끝부분의 빛은 차단하지 못한다. 따라서 초록색 병에 담긴 맥주는 스컹킹이 일어날 가능성이 조금 더 높다. 일부 맥주의 경우, 약간의 스컹킹은 향미를 더해준다고 간주되기긴 하지만, 스컹킹이 너무 많이 일어나면 좋지 않은 것은 명백하다.

개중에는 투명한 병에 담아 판매하는 맥주도 있는데, 이런 맥주는 스컹킹 방지 논리를 정면으로 거스르는 것처럼 보인다. 이런 맥주는 홉을 아주 적은 양만 사용하여 이성질체 알파산의 함량을 최소화했기 때문에 투명한 병에 담아 판매할 수 있다. 어떤 맥주 양조 회사는 쓴맛을 내는 데 테트라홉이라는 특별한 홉 추출물을 사용하기도 한다. 여기에는 여전히 이성질체 알파산이 들어 있긴 하지만, 그 분자 구조가 천연 홉에서 생기는 것과는 약간 달라 일광취 현상을 피할 수 있다. 하지만 일반적으로 맥주병의 색은 마케팅 문제이며, 맥주를 라임 조각과 함께 내놓는 것과 같은 서빙 방식은 혹시 생길지도 모를 악취의 영향을 최소화하도록 설계된 것이다.

잼을 응고시키는 것은 어떤 화합물일까?

잼을 만들어본 사람이라면, 이게 아주 어려운 과정임을 알 것이다. 완벽하게 응고한 잼을 만들려면, 여러 가지 요소가 딱 맞아떨어져야 한다. 그 이유를 설명하는 데 화학이 도움을 줄 수 있다. 잼을 만들 때 필요한 핵심 화학 성분은 세 가지가 있는데, 설탕과 펙틴과 산이 그것이다. 여기서는 이것들을 차례로 살펴보면서 각 성분이 잼의 최종 굳기를 결정하는 데 어떻게 기여하는지 알아보기로 하자.

펙틴 펙틴은 당 분자들이 길게 연결된 사슬로 이루어진 다당류로, 식물의 세포벽에서 발견된다. 우리는 일반적으로 이것들을 '펙틴'이라고 부르지만, 그 구조는 확실하게 꼬집어 말할 수 없을 정도로 가변적이다. 대략적인 일반 구조가 오른쪽 그림에 나와 있지만, 전체적인 구조는 훨씬 더 복잡할 수 있다. 펙틴은 과일, 그중에서도 특히 껍질과 중심부에 들어 있다. 잼이 굳을 때 펙틴은 아주 중요한 역할을 한다.

잼을 끓이면 사용한 과일에서 펙틴이 빠져나온다. 설탕의 양과 산도를 적절히 맞추면, 분자 간 반응을 통해 긴 펙틴 사슬들이 서로 들러붙어 젤로 이루어진 망이 생긴다. 이 망은 일반적으로 잼의 '응고점'에서 생기는데, 응고점은 대략 104℃이다. 일단 젤 망이 생기면, 잼이 식도록 내버려두면 된다. 그러면 젤 망이 잼에 포함된 물을 '가두어' 응고가 시작된다.

설탕 잼에서 중요한 요소 중 하나는 설탕 함량인데, 설탕은 맛에도 중요하지만, 잼의 응고 과정에도 중요한 역할을 한다. 많은 잼 레시피는 과일 대 설탕의 비율을 1:1로 맞추라고 권한다. 설탕은 잼을 달게 할 뿐만 아니라, 펙틴 응고도 돕는다. 설탕은 물을 자신 쪽으로 끌어당겨 펙틴이 별개의 사슬로 남아 있으려는 능력을 줄임으로써 젤 생성 능력을 높인다. 게다가 설탕은 보존 효과도 있다. 물 분자를 자신에게 들러붙게 함으로써 잼에서 이용 가능한 물의 양을 줄이는데, 그 양이 크게 줄어들면 미생물이 성장할 수 없기 때문에 잼이 만들어진 뒤에 빨리 변하지 않게 된다. 잼의 최종 설탕 함유량은 65~69%가 되어야 한다.

산 산도 펙틴 응고를 돕는 데 중요하다. 펙틴에서 카복시기(-COOH)는 대개 이온화된 상태로 존재하는데, 이 이온화로 인해 분자에 생긴 음전하는 척력을 미쳐 펙틴 사슬들이 젤 망을 생성하는 능력을 방해한다. 이를 피하려면, 혼합물의 pH를 대략 2.8~3.3 수준으로 유지해야 한다. 이렇게 산성이 좀더 강한 조건에서는 카복시기가 이온화되지 않으므로 척력이 약해진다.

과일은 자연적으로 산을 포함하고 있다. 가장 잘 알려진 산은 시트르산이지만, 말산과 타타르산도 많은 과일에 들어 있다. 잼을 만드는 과일이 일부 산을 공급하지만, 이것만으로는 원하는 pH를 얻기에 충분하지 않을 때가 많으므로, 산을 추가로 첨가해야 할 필요가 있다. 대개는 시트르산이 포함된 레몬 즙을 사용하지만, 가루 형태의 산도 사용할 수 있다.

요약하면, 잼이 제대로 응고하기 위해서는 펙틴과 설탕, 산이라는 세 요소가 완벽한 균형을 이루어야 한다. 만약 잼이 제대로 응고하지 않으면, 이 세 가지 요소 중 하나가 잘못되었을 가능성이 높다. 그리고 잼이 왜 응고하는지 설명하는 화학을 제대로 알고 있다면, 문제를 찾아 바로잡는 데 큰 도움이 된다!

설탕

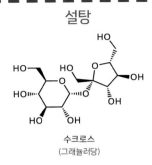

수크로스
(그래뉼러당)

65~69%
잼의 최종 설탕 함유량

응고와 펙틴

펙틴
(전형적인 화학 구조)

펙틴 함량이 낮다.	펙틴 함량이 높다.
배, 복숭아, 체리, 딸기, 라즈베리, 블랙베리, 달콤한 자두, 블루베리, 엘더베리	사과, 구스베리, 까막까치밥나무 열매, 신 자두, 포도, 감귤류 껍질

pH

시트르산
(감귤류에 들어 있다)

말산
(사과에 들어 있다)

2.8~3.3
응고에 적합한 pH

레드 와인에 쓴맛과 드라이한 맛을 내는 물질은 무엇일까?

쓴맛과 떫은맛은 많은 레드 와인의 특징이다. 쓴맛은 굳이 설명할 필요가 없지만, 떫은맛은 흔히 입속이 마르고 주름 잡히는 듯한 느낌으로 표현한다. 일반적으로 레드 와인은 많은 화합물로 이루어진 복잡한 혼합물이다. 정확한 수치는 없지만, 레드 와인에 포함된 화합물의 종류는 약 800종에서 1000종 이상으로 추정된다. 플라보노이드 계열의 화합물이 평균적인 레드 와인에서 차지하는 비율은 겨우 0.1%밖에 안 되지만, 이 화합물이 레드 와인의 맛을 좌우한다.

플라반-3-올이라는 화합물 집단은 와인의 쓴맛에 기여한다. 이 화합물은 주로 포도 씨에서 유래하는데, 레드 와인에 들어 있는 주요 플라반-3-올은 카테킨과 에피카테킨이다. 이것들은 차와 다크초콜릿에도 높은 농도로 들어 있고, 항산화 작용 때문에 건강에 도움이 된다고 알려져 있다.

비슷한 이름의 플라보놀도 구조가 플라반-3-올과 비슷하다. 하지만 그 차이는 충분히 커서 플라반-3-올과 달리 플라보놀은 와인의 쓴맛에 전혀 기여하지 않는다. 사실, 플라보놀이 감각에 어떤 영향을 미친다는 사실은 아직까지 발견되지 않았다. 플라보놀 역시 항산화 작용이 있지만, 레드 와인에 포함된 농도가 너무 낮아 유의미한 역할을 하지 못한다. 하지만 레드 와인의 색에는 어느 정도 기여한다.

쓴맛과 떫은맛에 중요한 역할을 하는 또 하나의 화합물 집단은 타닌이다. 타닌은 중합체이다. 즉, 작은 분자들이 많이 연결되어 긴 사슬 구조를 이루고 있는 화합물이다. 중합체의 더 일반적인 예로는 플라스틱과 식물의 섬유소(셀룰로스)가 있다. 레드 와인에서 발견되는 주요 타닌 집단은 축합 타닌인데, 많은 종류의 플라반-3-올 분자들이 합쳐져 만들어진다. 와인을 만드는 포도를 처음 수확할 때에는 한 중합체 분자에 최대 27개의 플라반-3-올 분자들이 포함된다. 일부 타닌은 와인을 숙성시키는 통에서 나오기도 한다.

레드 와인에서 타닌은 쓴맛뿐만 아니라 드라이한 맛에도 기여한다. 와인을 마실 때, 타닌은 침 속의 단백질과 반응한다. 여기서 침전물이 생기는데, 이것이 드라이한 맛 감각을 자아낸다. 분명히 타닌의 농도는 드라이한 맛의 정도에 영향을 미친다. 타닌은 안토시아닌과 결합해 색에도 영향을 미친다. 타닌은 와인이 숙성되면서 일어나는 변화들에도 관여하는데, 이것들은 아주 복잡한 화학적 과정이어서 아직 제대로 밝혀지지 않았다.

타닌에 대해 마지막으로 하고 싶은 말은, 타닌이 일부 사람들이 레드 와인을 마시고 나서 경험하는 두통이나 편두통의 원인이 될 수도 있다는 점이다. 이것은 레드 와인이 일부 사람들에게 미치는 효과를 조사한 연구에서 입증되었으며, 타닌이 뇌에서 신경 전달 물질인 세로토닌의 농도를 변화시킴으로써 이런 효과를 나타낸다는 주장이 제기되었다. 하지만 아직 확실한 결론은 나오지 않았다. 그 밖에도 다양한 가능성이 제시되었는데, 현 단계에서는 어느 분자가 범인이라고 딱 꼬집어 말할 수 없다.

86%	12%	1%	0.4%	0.1%	0.5%
물	에탄올	글리세롤	유기산	타닌과 페놀계 화합물	그 밖의 화합물

이 수치는 평균 조성이라는 데 유의. 정확한 비율은 와인에 따라 다르다.

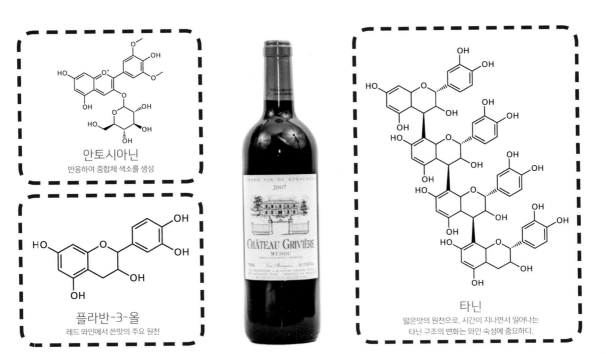

안토시아닌
반응하여 중합체 색소를 생성

플라반-3-올
레드 와인에서 쓴맛의 주요 원천

타닌
떫은맛의 원천으로, 시간이 지나면서 일어나는
타닌 구조의 변화는 와인 숙성에 중요하다.

삼페인에서 거품이 표면으로 솟아오를 때, 맛과 향기 화합물도 함께 따라 올라온다. 그리고 표면에서 거품 방울이 터질 때, 이 화합물들이 작은 액체 방울이 되어 공기 중으로 확산되는데, 일부 화합물은 삼페인의 향에 중요한 역할을 한다. 아래에 소개한 화합물은 이 액체 방울에서 발견된 것들이다. 와인 자체에는 이것들 말고도 맛에 기여하는 화합물이 아주 많다.

감마-데카락톤

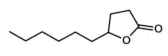

과일과 복숭아와 달콤한 향기

데칸산

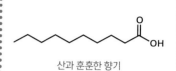

산과 훈훈한 향기

메틸 다이하이드로자스모네이트

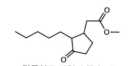

달콤하고 과일과 꽃 향기

7,8-다이하이드로보미폴리올

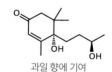

과일 향에 기여

도데칸산

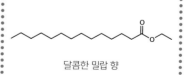

드라이한 금속 냄새

에틸 미리스테이트

달콤한 밀랍 향

거품은 어떻게 샴페인의 맛을 높일까?

축하를 할 때면 흔히 샴페인을 딴다. 잔에서 보글보글 올라오는 거품은 단순해 보일지 몰라도, 여기에는 실제로는 흥미로운 화학(그리고 우리가 와인의 맛과 향을 음미하는 데 아주 중요한 화학)이 아주 많이 숨어 있다. 거품에는 여러분이 생각하는 것보다 훨씬 많은 비밀이 숨어 있다.

샴페인의 거품을 만드는 주요 화학 물질이 이산화탄소라는 것은 누가 봐도 명백한데, 이산화탄소는 발효 과정에서 생긴다. 샴페인은 발효 과정이 두 번 일어난다는 점에서 좀 특이한 와인이다. 한 번은 병에 담기 전에 일어나고, 한 번은 마시기 전에 병 속에서 일어난다. 두 번째 발효는 최종 제품에 필수적인 이산화탄소와 에탄올을 만들어낸다.

평균적인 750mL 샴페인 병에는 약 7.5g의 이산화탄소가 녹아 있다. 이것은 별로 많은 것 같지 않지만, 병을 열 때 거품이 저절로 가라앉을 때까지 내버려둔다면 약 5L의 이산화탄소 기체로 바뀌어 나온다. 100mL짜리 샴페인 플루트(기다랗고 대가 가는 샴페인 잔) 하나에서 약 2000만 개의 거품 방울이 나온다. 이것은 전체 이산화탄소에 해당하는 것도 아니다. 거품의 형태로 와인에서 나오는 것은 겨우 20%밖에 안 되고, 나머지 80%는 직접 확산을 통해 빠져나온다.

거품은 샴페인 특유의 쉬익 하는 소리를 낼 뿐 아니라, 와인의 맛과 향에도 중요한 역할을 한다는 사실이 연구를 통해 밝혀졌다. 거품은 솟아오르면서 와인의 일부 화합물을 함께 끌고 올라온다. 표면에 도달하여 터질 때, 이 화합물들이 작은 방울이 되어 공기 중으로 나갈 수 있다. 과학자들은 이 액체 방울들의 조성을 분석했는데, 샴페인 잔 위에 현미경 슬라이드를 걸쳐놓고 액체 방울들을 모은 뒤, 질량 분석기로 그 속에 든 화합물들을 알아냈다.

액체 방울들에서 많은 맛과 향기 화합물이 발견되었는데, 그중 몇 가지가 왼쪽 그림에 있다. 수백 가지 성분이 들어 있는데, 그중 일부는 아직 완전히 확인되지 않았다. 하지만 흥미롭게도 이 액체 방울들의 조성은 유리잔에 남아 있는 샴페인의 조성과 차이가 있다. 오직 특정 분자들만이 거품 방울과 함께 표면으로 올라와 공기 중으로 나오기 때문이다. 이 연구를 한 사람들은 이 화합물들 중 상당수가 샴페인의 향에 기여하며, 그래서 거품이 터지면서 퍼진 액체 방울들이 맛과 향에 아주 중요하다고 주장한다. 자, 이 주장을 위하여 건배!

참고 문헌

13쪽 방울다다기양배추

Drewnowski A, Henderson SA, Shore AB, Barratt-Fornell A. 1998. Sensory Responses to 6-n-Propylthiouracil (PROP) or Sucrose Solutions and Food Preferences in Young Womena. *Annals of the New York Academy of Sciences.* 855(1):797-801.

Turnbull B, Matisoo-Smith E. 2002. Taste sensitivity to 6-n-propylthiouracil predicts acceptance of bitter-tasting spinach in 3–6-y-old children. *The American Journal of Clinical Nutrition.* 76(5):1101-1105.

Drewnowski A, Henderson SA, Barratt-Fornell A. 2001. Genetic taste markers and food preferences. *Drug Metabolism & Disposition.* 29(4):535-538.

14쪽 아티초크

Bartoshuk LM, Lee CH, Scarpellino R. 1972. Sweet taste of water induced by artichoke (*Cynara scolymus*). *Science.* 178(4064): 988-990.

17쪽 미러클베리

Brouwer JN, Van Der Wel H, Francke A, Henning GJ. 1968. Miraculin, the sweetness-inducing protein from miracle fruit. *Nature.* 220:373-374.

Hiwasa-Tanase K, Hirai T, Kato K, Duhita N, Ezura H. 2012. From miracle fruit to transgenic tomato: mass production of the taste-modifying protein miraculin in transgenic plants. *Plant cell reports.* 31(3):513-525.

18쪽 오렌지 주스

Allison A, Marie A, Chambers DH. 2005. Effects of residual toothpaste flavor on flavor profiles of common foods and beverages. *Journal of Sensory Studies.* 20(2):167-186.

21쪽 훈제 고기

Hindi SS. 2011. Evaluation of Guaiacol and syringol emission upon wood pyrolysis for some fast-growing species. *International Science Index.* 5(8):533-537.

Simon R, de la Calle B, Palme S, Meier D, Anklam E. 2005. Composition and analysis of liquid smoke flavouring primary products. *Journal of Separation Science.* 28(9-10):871-882.

22쪽 우유

Liu J, Yu CQ, Li JZ, Yan JX. 2001. Study on the deteriorating course of fresh milk by laser-induced fluorescence spectra. *Guang pu xue yu guang pu fen xi.* 21(6):769-771.

Bassette R, Fung DY, Mantha VR, Marth EH. 1986. Off-flavors in milk. *Critical Reviews in Food Science & Nutrition.* 24(1):1-52.

25쪽 고수

Bhuiyan MNI, Begum J, Sultana M. 2009. Chemical composition of leaf and seed essential oil of *Coriandrum sativum* L. from Bangladesh. *Bangladesh Journal of Pharmacology.* 4(2):150-153.

Eriksson N, Wu S, Do CB, Kiefer AK, Tung JY, Mountain JL, Francke U. 2012. A genetic variant near olfactory receptor genes influences cilantro preference. *Flavour.* 1(1):22.

26쪽 딜과 스피어민트

Zawirska-Wojtasiak R. 2006. Chirality and the nature of food authenticity of aroma. *Acta Sci Pol Technol Aliment.* 5(1):21-36.

Fabro S, Smith RL, Williams RT. 1967. Toxicity and teratogenicity of optical isomers of thalidomide. *Nature.* 215:296.

29쪽 커피

Farah A, de Paulis T, Trugo LC, Martin PR. 2005. Effect of roasting on the formation of chlorogenic acid lactones in coffee. *Journal of Agricultural and Food Chemistry.* 53(5): 1505-1513.

Blumberg S, Frank O, Hofmann T. 2010. Quantitative studies on the influence of the bean roasting parameters and hot water percolation on the concentrations of bitter compounds in coffee brew. *Journal of Agricultural and Food Chemistry.* 58(6):3720-3728.

30쪽 맥주

De Keukeleire D. 2000. Fundamentals of beer and hop chemistry. *Quimica nova*. 23(1):108-112.

Stevens R. 1967. The chemistry of hop constituents. *Chemical Reviews*. 67(1):19-71.

34쪽 마늘

Cai XJ, Block E, Uden PC, Quimby BD, Sullivan JJ. 1995. Allium Chemistry: Identification of Natural Abundance Organoselenium Compounds in Human Breath after Ingestion of Garlic Using Gas Chromatography with Atomic Emission Detection. *Journal of Agricultural and Food Chemistry*. 43(7):1751-1753.

Munch R, Barringer SA. 2014. Deodorization of garlic breath volatiles by food and food components. *Journal of Food Science*. 79(4):526-533.

Lu X, Rasco BA, Jabal JMF, Aston DE, Lin M, Konkel ME. 2011. Investigating Antibacterial Effects of Garlic (*Allium sativum*) Concentrate and Garlic-Derived Organosulfur Compounds on Campylobacter jejuni by Using Fourier Transform Infrared Spectroscopy, Raman Spectroscopy, and Electron Microscopy. *Applied & Environmental Microbiology*. 77(15):5257-5269.

37쪽 아스파라거스

Mitchell, SC. 2001. Food Idiosyncrasies: Beetroot & Asparagus. *Drug Metabolism & Disposition*. 29(2):539-543.

Pelchat ML, Bykowski C, Duke FF, Reed DR. 2011. Excretion and Perception of a Characteristic Odor in Urine after Asparagus Ingestion: a Psychophysical and Genetic Study. *Chem Senses*. 36:9-17.

38쪽 두리안 열매

Li JX, Schieberle P, Steinhaus M. 2012. Characterization of the Major Odor-Active Compounds in Thai Durian (Durio zibethinus L.'Monthong') by Aroma Extract Dilution Analysis and Headspace Gas Chromatography—Olfactometry. *Journal of Agricultural and Food Chemistry*. 60(45):11253-11262.

Maninang JS, Lizada MCC, Gemma H. 2009. Inhibition of aldehyde dehydrogenase enzyme by Durian (Durio zibethinus) fruit extract. *Food Chemistry*. 117(2):352-355.

41쪽 베이컨

Timón ML, Carrapiso AI, Jurado Á, van de Lagemaat J. 2004. A study of the aroma of fried bacon and fried pork loin. *Journal of the Science of Food and Agriculture*. 84(8):825-831.

42쪽 생선

Mitchell SC, Smith RL. 2001. Trimethylaminuria: the fish malodor syndrome. *Drug Metabolism & Disposition*. 29(4):517-521.

Dyer WJ, Mounsey YA. 1945. Amines in Fish Muscle: II. Development of Trimethylamine and Other Amines. *Journal of the Fisheries Board of Canada*. 6(5):359-367.

45쪽 블루치즈

Qian M, Nelson C, Bloomer S. 2002. Evaluation of fat-derived aroma compounds in Blue cheese by dynamic headspace GC/olfactometry-MS. *Journal of the American Oil Chemists' Society*. 79(7):663-667.

Dartey CK, Kinsella JE. 1971. Rate of formation of methyl ketones during blue cheese ripening. *Journal of Agricultural and Food Chemistry*. 19(4):771-774.

Lawlor JB, Delahunty CM, Wilkinson MG, Sheehan J. 2001. Relationships between the sensory characteristics, neutral volatile composition and gross composition of ten cheese varieties. *Le Lait*. 81(4):487-507.

Day EA, Anderson DF. 1965. Cheese Flavor, Gas Chromatographic and Mass Spectral Identification of Neutral Components of Aroma Faction and Blue Cheese. *Journal of Agricultural and Food Chemistry*. 13(1):2-4.

46쪽 베이크트 빈즈

Steggerda FR. 1968. Gastrointestinal gas following food consumption. Annals of the New York Academy of Sciences 150(1):57-66.

Suarez FL, Springfield J, Levitt MD. 1998. Identification of gases responsible for the odour of human flatus and evaluation of a device purported to reduce this odour. *Gut*. 43(1):100-104.

51쪽 당근

Smith W, Mitchell P, Lazarus R. 2008. Carrots, carotene and seeing in the dark. *Clinical & Experimental Ophthalmology*. 27(3-4):200-203.

52쪽 비트

Mitchell SC. 2001. Food Idiosyncrasies: Beetroot & Asparagus. *Drug Metabolism & Disposition.* 29(2):539-543.

55쪽 감자

Friedman M, McDonald GM, Filadelfi-Keszi M. 2010. Potato Glycoalkaloids: Chemistry, Analysis, Safety, and Plant Physiology. *Critical Reviews in Plant Sciences.* 16(1):55-132.

56쪽 아보카도

Kahn V. 1975. Polyphenol oxidase activity and browning of three avocado varieties. *Journal of the Science of Food and Agriculture.* 26(9):1319-1324.

McEvily AJ, Iyengar R, Otwell WS. 1992. Inhibition of enzymatic browning in foods and beverages. *Critical Reviews in Food Science & Nutrition.* 32(3):253-273.

Bates RP. 1968. The retardation of enzymatic browning in avocado puree and guacamole. In *Proc. Fla. State Hort. Soc.* Vol. 81:230-5.

59쪽 식용 색소

Bateman B, Warner JO, Hutchinson E, Dean T, Rowlandson P, Gant C, Stevenson J. 2004. The effects of a double blind, placebo controlled, artificial food colourings and benzoate preservative challenge on hyperactivity in a general population sample of preschool children. *Archives of Disease in Childhood.* 89(6):506-511.

Erickson B. 2011. Food dye debate resurfaces. *Chemical and Engineering News*, 27-31.

60쪽 연어

Higuera-Ciapara I, Felix-Valenzuela L, Goycoolea FM. 2006. Astaxanthin: a review of its chemistry and applications. *Critical Reviews in Food Science and Nutrition.* 46(2):185-196.

63쪽 토닉워터

Sacksteder L, Ballew RM, Brown EA, Demas JN. 1990. Photophysics in a disco: Luminescence quenching of quinine. *Journal of Chemical Education.* 67(12):1065.

67쪽 강낭콩

Rodhouse JC, Haugh CA, Roberts D, Gilbert RJ. 1990. Red kidney bean poisoning in the UK: an analysis of 50 suspected incidents between 1976 and 1989. *Epidemiology & Infection.* 105(3):485-491.

68쪽 버섯

Tu A, 1992. *Handbook of Natural Toxins, Vol. 7: Food Poisoning.* CRC Press. 207-229.

Holsen DS, Aarebrot S. 1997. Poisonous mushrooms, mushroom poisons and mushroom poisoning: a review. *Tidsskrift for den Norske Laegeforening: Tidsskrift for Praktisk Medicin.*117(23):3385-3388.

71쪽 사과

Bolarinwa IF, Orfila C, Morgan MR. 2014. Amygdalin content of seeds, kernels and food products commercially available in the UK. *Food chemistry.* 152:133-139.

72쪽 패류

Yasumoto T, Murata M, Oshima Y, Sano M, Matsumoto GK, Clardy J. 1985. Diarrhetic shellfish toxins. *Tetrahedron.* 41(6):1019-1025.

Todd EC. 1993. Domoic acid and amnesic shellfish poisoning: a review. *Journal of Food Protection.* 56(1):69-83.

Watkins SM, Reich A, Fleming LE, Hammond R. 2008. Neurotoxic shellfish poisoning. *Marine Drugs.* 6(3):431-455.

Popkiss MEE, Horstman DA, Harpur D. 1979. Paralytic shellfish poisoning. *South African Medical Journal.* 55:1017-1023.

75쪽 복어

Noguchi T, Hwang DF, Arakawa O, Sugita H, Deguchi Y, Shida Y, Hashimoto K. 1987. *Vibrio alginolyticus*, a tetrodotoxin-producing bacterium, in the intestines of the fish Fugu vermicularis vermicularis. *Marine Biology.* 94(4):625-630.

Ahasan HA, Mamun AA, Karim SR, Bakar MA, Gazi EA, Bala CS. 2004. Paralytic complications of pufferfish (tetrodotoxin) poisoning. *Singapore Medical Journal.* 45(2):73-74.

76쪽 초콜릿

Meng CC, Jalil AMM, Ismail A. 2009. Phenolic and theobromine contents of commercial dark, milk and white chocolates on the Malaysian market. *Molecules.* 14(1):200-209.

78쪽 숙취

Swift R, Davidson D. 1998. Alcohol hangover. *Alcohol Health Res World.* 22:54-60.

Rohsenow DJ, Howland J, Arnedt JT, Almeida AB, Minsky S, Kempler CS, Sales S. 2010. Intoxication With Bourbon Versus Vodka: Effects on Hangover, Sleep, and Next-Day Neurocognitive Performance in Young Adults. *Alcoholism: Clinical and Experimental Research.* 34(3):509-518.

83쪽 양파

Benkeblia N, Lanzotti V. 2007. Allium Thiosulfinates: Chemistry, Biological Properties and their Potential Utilization in Food Preservation. *Food.* 1(2):193-201.

Imai S, Tsuge N, Tomotake M, Nagatome Y, Sawada H, Nagata T, Kumagai H. 2002. Plant biochemistry: An onion enzyme that makes the eyes water. *Nature.* 419:685.

84쪽 고추

Bellringer M. The Chemistry of Chilli Peppers (online). Bristol: The University of Bristol. Available from: http://www.chm.bris.ac.uk/motm/chilli/index.htm (2018년 4월 6일 접속).

87쪽 박하

Hensel H, Zotterman Y. 1951. The effect of menthol on the thermoreceptors. *Acta physiologica Scandinavica.* 24(1):27-34.

88쪽 파핑 캔디

Sung AA, Lee YD. 1996. Gasified candy. *Trends in Food Science and Technology.* 7(6):205-205.

90쪽 고추냉이

Depree JA, Howard TM, Savage GP. 1998. Flavour and pharmaceutical properties of the volatile sulphur compounds of Wasabi (*Wasabia japonica*). *Food research international.* 31(5):329-337.

95쪽 칠면조

Lenard NR, Dunn AJ. 2005. Mechanisms and significance of the increased brain uptake of tryptophan. *Neurochemical Research.* 30(12):1543-1548.

96쪽 치즈

Smith D. 2013. Sweet Dreams are Made of Cheese (online). Nature Publishing Group. http://www.nature.com/scitable/blog/mind-read/sweet_dreams_are_made_of (2018년 4월 6일 접속).

99쪽 육두구

Shulgin AT, Sargent T, Naranjo C. 1967. The chemistry and psychopharmacology of nutmeg and of several related phenylisopropylamines. *Psychopharmacology bulletin.* 4(3):13-13.

Carstairs SD, Cantrell FL. 2011. The spice of life: an analysis of nutmeg exposures in California. *Clinical Toxicology.* 49(3):177-180.

100쪽 차

Chin JM, Merves ML, Goldberger BA, Sampson-Cone A, Cone EJ. 2008. Caffeine content of brewed teas. *Journal of Analytical Toxicology.* 32(8):702-704.

Owen GN, Parnell H, De Bruin EA, Rycroft JA. 2008. The combined effects of L-theanine and caffeine on cognitive performance and mood. *Nutritional neuroscience.* 11(4):193-198.

103쪽 압생트

Lachenmeier DW, Nathan-Maister D, Breaux TA, Luauté JP, Emmert J. 2010. Absinthe, Absinthism and Thujone—New Insight into the Spirit's Impact on Public Health. *Open Addiction Journal.* 3:32-38.

Padosch SA, Lachenmeier DW, Kröner LU. 2006. Absinthism: a fictitious 19th century syndrome with present impact. *Substance abuse treatment, prevention, and policy.* 1(1):14.

Lachenmeier DW, Nathan-Maister D, Breaux TA, Sohnius EM, Schoeberl K, Kuballa T. 2008. Chemical composition of vintage preban absinthe with special reference to thujone, fenchone, pinocamphone, methanol, copper, and antimony concentrations. *Journal of agricultural and food chemistry.* 56(9):3073-3081.

104쪽 에너지 음료

Aranda M, Morlock G. 2006. Simultaneous determination of riboflavin, pyridoxine, nicotinamide, caffeine and taurine in energy drinks by planar chromatography-multiple detection with confirmation by electrospray ionization mass spectrometry. *Journal of Chromatography A.* 1131(1):253-260.

Higgins JP, Tuttle TD, Higgins CL. 2010. Energy beverages: content and safety. In *Mayo Clinic Proceedings.* 85(11):1033-1041. Elsevier.

109쪽 그레이프프루트

PL Detail Document. 2007. Potential Drug Interactions with Grapefruit. *Pharmacist's Letter/Prescriber's Letter*. 23(2):230204.

110쪽 레몬

Baron JH. 2009. Sailors' scurvy before and after James Lind—a reassessment. *Nutrition reviews*. 67(6):315-332.

113쪽 견과

Bansal AS, Chee R, Nagendran V, Warner A, Hayman, G. 2007. Dangerous liaison: sexually transmitted allergic reaction to Brazil nuts. *Journal of Investigational Allergology and Clinical Immunology*. 17(3):189-191.

Fleischer DM. 2007. The natural history of peanut and tree nut allergy. *Current allergy and asthma reports*. 7(3):175-181.

114쪽 고기 알레르기

Saleh H, Embry S, Nauli A, Atyia S, Krishnaswamy G. 2012. Anaphylactic reactions to oligosaccharides in red meat: a syndrome in evolution. *Clin Mol Allergy*. 10(5).

117쪽 정향

Chaieb K, Hajlaoui H, Zmantar T, Kahla-Nakbi AB, Rouabhia M, Mahdouani K, Bakhrouf A. 2007. The chemical composition and biological activity of clove essential oil, *Eugenia caryophyllata* (*Syzigium aromaticum L. Myrtaceae*): a short review. *Phytotherapy research*. 21(6):501-506.

Kong X, Liu X, Li J, Yang Y. 2014. Advances in Pharmacological Research of Eugenol. *Curr Opin Complement Alternat Med*. 1(1):8-11.

118쪽 MSG

Tarasoff L, Kelly MF. 1993. Monosodium L-glutamate: a double-blind study and review. *Food and chemical toxicology*. 31(12):1019-1035.

Williams AN, Woessner KM. 2009. Monosodium glutamate 'allergy': menace or myth?. *Clinical & Experimental Allergy*. 39(5):640-646.

Ng T. 2002. Re-evaluation of the Tasty Compound: MSG. *Nutrition Bytes*. 8(1).

121쪽 감미료

Emsley J. 1994. *The consumers good chemical guide: a jargon-free guide to the chemicals of everyday life*. W.H. Freeman & Co. Ltd. 31-59.

O'Brien-Nabors L. (Ed.). 2011. *Alternative sweeteners* (Vol. 48). CRC Press.

Suez J, Korem T, Zeevi D, Zilberman-Schapira G, Thaiss C A, Maza O, Israeli D, Zmora N, Shlomit G, Weinberger A, Kuperman Y, Harmelin A, Kolodkin-Gal I, Shapiro H, Halpern Z, Eran S, Elinav E. 2014. Artificial sweeteners induce glucose intolerance by altering the gut microbiota. *Nature*. 514:181-186.

122쪽 아황산염

Taylor SL, Higley NA, Bush RK. 1986. Sulfites in foods: uses, analytical methods, residues, fate, exposure assessment, metabolism, toxicity, and hypersensitivity. *Advances in Food Research*. 30:1-76.

Lund B, Baird-Parker TC, Gould GW. 2000. *Microbiological safety and quality of food* (Vol. 1). Springer. 201-203.

127쪽 바나나

Burg SP, Burg EA. 1965. Relationship between ethylene production and ripening in bananas. *Botanical Gazette*. 200-204.

Jiang Y, Joyce DC, Macnish AJ. 1999. Extension of the shelf life of banana fruit by 1-methylcyclopropene in combination with polyethylene bags. *Postharvest Biology and Technology*. 16(2):187-193.

128쪽 젤리

Jacobsen E. 1999. Soup or Salad? Investigating the Action of Enzymes in Fruit on Gelatin. *Journal of Chemical Education*. 76(5):624A.

131쪽 휘핑크림

Noda M, Shiinoki Y. 1986. Microstructure and rheological behavior of whipping cream. *Journal of Texture Studies*. 17(2):189-204.

Dickinson E, Stainsby G. 1982. *Colloids in food*. Applied Science Publishers.

132쪽 초콜릿

Langer S, Marshall LJ, Day AJ, Morgan MR. 2011. Flavanols and methylxanthines in commercially available dark chocolate: a study of the correlation with nonfat cocoa solids. *Journal of Agricultural and Food Chemistry*. 59(15):8435-8441.

135쪽 맥주

Vogler A, Kunkely H. 1982. Photochemistry and beer. *Journal of Chemical Education.* 59(1):25.

136쪽 잼

Thakur BR, Singh RK, Handa AK. 1997. Chemistry & Uses of Pectin – A Review. *Critical Reviews in Food Scienc & Nutrition.* 37(1):47-73.

138쪽 레드 와인

Alcalde-Eon C, Escribano-Bailón MT, Santos-Buelga C, Rivas-Gonzalo JC. 2006. Changes in the detailed pigment composition of red wine during maturity and ageing: a comprehensive study. *Analytica Chimica Acta.* 563(1):238-254.

Boulton R. 2001. The copigmentation of anthocyanins and its role in the color of red wine: a critical review. *American Journal of Enology and Viticulture.* 52(2):67-87.

Cheynier V, Dueñas-Paton M, Salas E, Maury C, Souquet JM, Sarni-Manchado P, Fulcrand H. 2006. Structure and properties of wine pigments and tannins. *American Journal of Enology and Viticulture.* 57(3):298-305.

Semba RD, Ferrucci L, Bartali B, Urpí-Sarda M, Zamora-Ros R, Sun K, Andres-Lacueva C. 2014. *Resveratrol Levels and All-Cause Mortality in Older Community-Dwelling Adults.* JAMA internal medicine.

141쪽 샴페인

Liger-Belair G, Cilindre C, Gougeon RD, Lucio M, Gebefügi I, Jeandet P, Schmitt-Kopplin P. 2009. Unraveling different chemical fingerprints between a champagne wine and its aerosols. *Proceedings of the National Academy of Sciences.* 106(39):16545-16549.

Liger-Belair G. 2005. The physics and chemistry behind the bubbling properties of Champagne and sparkling wines: A state-of-the-art review. *Journal of Agricultural and Food Chemistry.* 53(8): 2788-2802.

참고문헌

이미지 저작권 및 출처

Andy Brunning: 19, 23, 24, 27, 28, 35, 36, 50, 54, 58, 70, 77,
    82, 85, 86, 89, 98, 101(왼쪽), 108, 111, 116, 126, 139쪽
Food and Drink/REX Shutterstock: 129쪽
Getty: 16쪽
Shutterstock.com: 15, 20, 31, 39, 40, 43, 44, 47, 53, 57, 61, 66,
    74, 91, 97, 101(오른쪽), 105, 112, 115, 129, 134, 137, 140쪽
REX Shutterstock: 137쪽

감사의 말

이 책에서 다룬 화학에 관련된 연구 자료와 논의를 제공함으로써 도움을 준(특히 트위터를 통해) 많은 사람들에게 감사드린다. 이들은 너무나도 많아서 여기서 일일이 거명할 수가 없다.

이 책의 내용을 꼼꼼하게 읽고 내용을 확인해준 아메리칸 대학교의 매슈 하팅스 교수에게도 다시 한번 감사드린다.

이 책의 그림에 소개된 화학 구조들은 PerkinElmer의 ChemDraw Professional v15를 사용해 그렸다. Compound Interest는 PerkinElmer나 그 자회사들과 무관하다.

소셜 미디어

 @compoundchem

 tumblr.com/blog/compoundchem

 facebook.com/compoundchem

프로그램과 사이트

- Chemical structures – ChemDraw
- Graphic design – InDesign
- Selected CCO icons – The Noun Project
- Fonts: Open Sans, Bebas Neue, Lobster, Varela Round, Montserrat, Helvetica Neue, Oswald

Compound Interest에서 더 많은 것을 볼 수 있다.

WWW.COMPOUNDCHEM.COM

이 사이트를 방문하면, 일상 화학의 다양한 측면에 관한 광범위한 그래픽을 볼 수 있을 뿐만 아니라, 무료로 다운로드받을 수 있는 그래픽과 구입 가능한 포스터 등을 얻을 수 있다.

지글지글 베이컨 굽는 냄새는 왜 그렇게 좋을까?

음식의 비밀을 이해하는 흥미로운 과학적 질문 58

지은이	앤디 브러닝
옮긴이	이충호
1판 1쇄 인쇄	2018. 5. 3
1판 1쇄 발행	2018. 5. 21
펴낸곳	계단
펴낸이	서영준
출판등록	제 25100-2011-283호
주소	(02833) 서울시 마포구 토정로4길 40-10, 2층
전화	02-712-7373
팩스	02-6280-7342
이메일	paper.stairs1@gmail.com

값은 뒤표지에 있습니다.

ISBN 978-89-98243-09-8 02430

이 도서의 국립중앙도서관 출판시도서목록(CIP)은 e-CIP홈페이지(http://www.nl.go.kr/ecip)와
국가자료공동목록시스템(http://www.nl.go.kr/kolisnet)에서 이용하실 수 있습니다.
(CIP제어번호: CIP2018012562)